全国高等职业教育"十二五"规划教材
中国电子教育学会推荐教材
全国高等职业院校规划教材·精品与示范系列

院级精品课
配套教材

电子商务网站开发实务

石道元　编著

电子工业出版社

Publishing House of Electronics Industry
北京·BEIJING

内 容 简 介

本书根据教育部最新的职业教育教学改革精神，结合作者多年的教学与企业网站设计开发经验，以典型实例"重庆曼宁网上书城"的整体开发为主线，全面系统地介绍电子商务网站开发的一系列操作方法和技巧。

本书基于"项目导向、任务驱动、学做合一"的编写思路，设置有9大项目、36个任务。内容包括构建电子商务网站开发环境、电子商务网站的整体策划、网络数据库的配置与使用、开发电子商务网站前台用户系统、开发电子商务网站后台管理系统、开发电子商务网站在线投票系统、开发电子商务网站在线购物车、开发电子商务网站其他常见功能系统、发布与管理电子商务网站等。为加强读者的实践技能训练，本书在每章后面还安排了9个有针对性的实训项目。本书所有项目任务的实现方法与技巧，均按照当前网络的热门应用技术进行，内容新颖实用，技术结构清晰，图文并茂，可操作性强。

本书为高等职业本专科院校电子商务课程的教材，也可作为开放大学、成人教育、自学考试、中职学校、岗位培训班的教材，以及企业电子商务技术人员的参考工具书。

本书提供免费电子教学课件、相关实例的资源文件和**精品课网站**，详见前言。

未经许可，不得以任何方式复制或抄袭本书之部分或全部内容。
版权所有，侵权必究。

图书在版编目（CIP）数据

电子商务网站开发实务/石道元编著．—北京：电子工业出版社，2010.1
全国高等职业院校规划教材．精品与示范系列
ISBN 978-7-121-09956-4

Ⅰ．电… Ⅱ．石… Ⅲ．电子商务—网站—开发—高等学校：技术学校—教材 Ⅳ．F713.36 TP393.092

中国版本图书馆 CIP 数据核字（2009）第 216373 号

策划编辑：陈健德（E-mail:chenjd@phei.com.cn）
责任编辑：陈健德
印　　刷：北京盛通商印快线网络科技有限公司
装　　订：北京盛通商印快线网络科技有限公司
出版发行：电子工业出版社
　　　　　北京市海淀区万寿路 173 信箱　邮编　100036
开　　本：787×1 092　1/16　印张：14　字数：358.4 千字
版　　次：2010 年 1 月第 1 版
印　　次：2021 年 1 月第 10 次印刷
定　　价：29.00 元

凡所购买电子工业出版社图书有缺损问题，请向购买书店调换。若书店售缺，请与本社发行部联系，联系及邮购电话：（010）88254888，88258888。
质量投诉请发邮件至 zlts@phei.com.cn，盗版侵权举报请发邮件至 dbqq@phei.com.cn。
本书咨询联系方式：chenjd@phei.com.cn。

职业教育　继往开来（序）

自我国经济在 21 世纪快速发展以来，各行各业都取得了前所未有的进步。随着我国工业生产规模的扩大和经济发展水平的提高，教育行业受到了各方面的重视。尤其对高等职业教育来说，近几年在教育部和财政部实施的国家示范性院校建设政策鼓舞下，高职院校以服务为宗旨、以就业为导向，开展工学结合与校企合作，进行了较大范围的专业建设和课程改革，涌现出一批示范专业和精品课程。高职教育在为区域经济建设服务的前提下，逐步加大校内生产性实训比例，引入企业参与教学过程和质量评价。在这种开放式人才培养模式下，教学以育人为目标，以掌握知识和技能为根本，克服了以学科体系进行教学的缺点和不足，为学生的顶岗实习和顺利就业创造了条件。

中国电子教育学会立足于电子行业企事业单位，为行业教育事业的改革和发展，为实施"科教兴国"战略做了许多工作。电子工业出版社作为职业教育教材出版大社，具有优秀的编辑人才队伍和丰富的职业教育教材出版经验，有义务和能力与广大的高职院校密切合作，参与创新职业教育的新方法，出版反映最新教学改革成果的新教材。中国电子教育学会经常与电子工业出版社开展交流与合作，在职业教育新的教学模式下，将共同为培养符合当今社会需要的、合格的职业技能人才而提供优质服务。

近期由电子工业出版社组织策划和编辑出版的"全国高等职业教育规划教材·精品与示范系列"，具有以下几个突出特点，特向全国的职业教育院校进行推荐。

（1）本系列教材的课程研究专家和作者主要来自于教育部和各省市评审通过的多所示范院校。他们对教育部倡导的职业教育教学改革精神理解得透彻准确，并且具有多年的职业教育教学经验及工学结合、校企合作经验，能够准确地对职业教育相关专业的知识点和技能点进行横向与纵向设计，能够把握创新型教材的出版方向。

（2）本系列教材的编写以多所示范院校的课程改革成果为基础，体现重点突出、实用为主、够用为度的原则，采用项目驱动的教学方式。学习任务主要以本行业工作岗位群中的典型实例提炼后进行设置，项目实例较多，应用范围较广，图片数量较大，还引入了一些经验性的公式、表格等，文字叙述浅显易懂。增强了教学过程的互动性与趣味性，对全国许多职业教育院校具有较大的适用性，同时对企业技术人员具有可参考性。

（3）根据职业教育的特点，本系列教材在全国独创性地提出"职业导航、教学导航、知识分布网络、知识梳理与总结"及"封面重点知识"等内容，有利于老师选择合适的教材并有重点地开展教学过程，也有利于学生了解该教材相关的职业特点和对教材内容进行高效率的学习与总结。

（4）根据每门课程的内容特点，为方便教学过程对教材配备相应的电子教学课件、习题答案与指导、教学素材资源、程序源代码、教学网站支持等立体化教学资源。

职业教育要不断进行改革，创新型教材建设是一项长期而艰巨的任务。为了使职业教育能够更好地为区域经济和企业服务，殷切希望高职高专院校的各位职教专家和老师提出建议和撰写精品教材（联系邮箱：chenjd@phei.com.cn，电话：010-88254585），共同为我国的职业教育发展尽自己的责任与义务！

中国电子教育学会

前言

近年来，我国经济得到快速发展，随着电子信息技术水平的提高和普及应用，电子商务作为一种崭新的商务运作模式，现已显现出巨大的现代商业价值，企业发展自己的电子商务，建立自己的电子商务网站已是势在必行。从亚马逊网到当当网，再到卓越网，一个又一个网上书城的成功案例，使得网上书城成为当前电子商务网站的重要角色。通过网上书城的发展，可以看出各企业建立电子商务网站的必要性。通晓电子商务网站开发技术的人才越来越受到各企业的青睐，许多高职院校为培养优秀网络人才做出贡献。本书根据最新的职业教育教学改革精神，结合作者多年的教学与企业网站设计开发经验，以典型实例"重庆曼宁网上书城"的整体开发为主线，全面系统地介绍电子商务网站开发的一系列操作方法和技巧。

在众多的电子商务网站开发方案中，由微软公司推出的 IIS（Internet information Serveices，Internet 信息服务）+ASP（Active Server Pages 编程语言）+Access（网络数据库）的组合方案得到了广泛的应用。目前，IIS+ASP+Access 已成为中小型电子商务网站建设的首选方案。在本书中，我们将利用 IIS+ASP+Access 完成"重庆曼宁网上书城"网站的整体开发过程，并将电子商务网站建设的知识点与技能融入实例中，通过许多实例操作来学习电子商务网站的开发方法与技巧。

本书基于"项目导向、任务驱动、学做合一"的编写思路，设置有9大项目、36个任务。内容包括构建电子商务网站开发环境、电子商务网站的整体策划、网络数据库的配置与使用、开发电子商务网站前台用户系统、开发电子商务网站后台管理系统、开发电子商务网站在线投票系统、开发电子商务网站在线购物车、开发电子商务网站其他常见功能系统、发布与管理电子商务网站等。为加强读者的实践技能训练，本书在每章后面还安排了9个有针对性的实训项目。每个项目任务均按任务引出、作品预览、实践操作、问题探究、知识拓展等目录结构组织编写。

本书以"电子商务网站开发"为中心展开，通过"重庆曼宁网上书城"的开发过程，提供大量的系统（模块）开发实例，这些系统（模块）包括电子商务网站前台用户系统、电子商务网站后台管理系统、在线投票系统、在线购物车系统、用户登录/注册系统、在线留言板、网站计数系统等方面。本书所有项目任务均面向当前热门的网络应用技术，内容深入浅出，循序渐进，可操作性强，系统而具体。通过对本书的学习，相信读者能够全面地了解和掌握电子商务网站的整体开发方法与技巧。

本书为高等职业本专科院校电子商务课程的教材，也可作为开放大学、成人教育、自学考试、中职学校、岗位培训班的教材，以及企业电子商务技术人员的参考工具书。

本书由石道元教授编著，徐雨清教授主审。在编写过程中，邹俊霞、任柳薇、赵振华、张维佳、林嘉雯、苏翃提供了许多帮助，在此表示感谢。

由于编写时间仓促，书中难免会有错误和不当之处，恳请读者不吝赐教和批评指正，我们将在修订中认真吸取，使本书不断完善。

本书提供免费的电子教学课件，以及相关实例的资源文件，请有此需要的教师登录华信教育资源网（http://www.hxedu.com.cn）免费注册后再进行下载，有问题时请在网站留言或与电子工业出版社联系（E-mail：gaozhi@phei.com.cn）。读者也可以登录精品课网站（http://222.177.177.242:8028/index.asp）浏览和参考更多的教学资源。

编　者

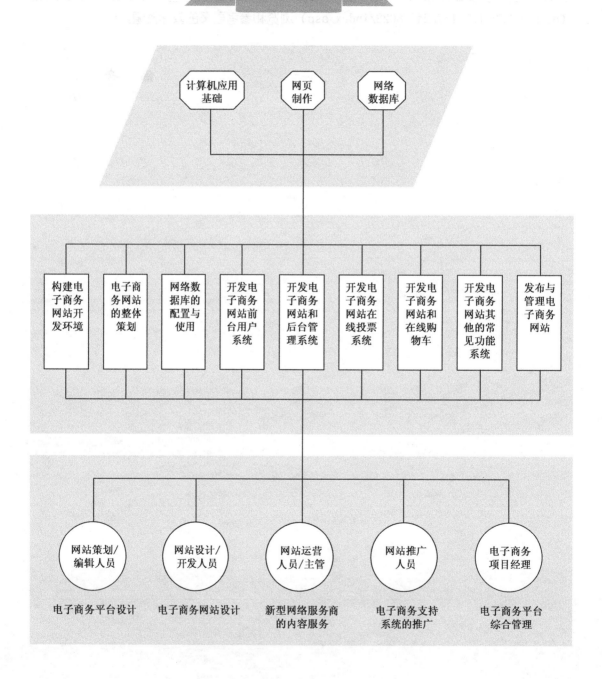

目　录

项目1　构建电子商务网站开发环境 ... 1
教学导航 ... 1
任务1-1　安装与配置IIS服务器 ... 2
问题探究1：IIS服务器安全配置方法 ... 5
知识拓展1：静态网页技术与动态网页技术 ... 7
任务1-2　Dreamweaver站点定义 ... 8
问题探究2：Dreamweaver远程站点定义方法 ... 12
知识拓展2：ASP工作原理 ... 13
任务1-3　使用Dreamweaver创建ASP网页 ... 14
问题探究3：ASP程序编写方法 ... 16
知识拓展3：ASP内置对象 ... 17
知识梳理与总结 ... 17
实训1　在Dreamweaver环境下编写ASP应用程序 ... 18

项目2　电子商务网站的整体策划 ... 20
教学导航 ... 20
任务2-1　电子商务网站的栏目规划 ... 21
问题探究4：网站主题确定方法 ... 22
知识拓展4：电子商务网站开发流程 ... 22
任务2-2　电子商务网站的主页内容布局 ... 23
问题探究5：服务器包含指令（SSI）用法 ... 28
知识拓展5：常用的网页内容布局方法 ... 28
任务2-3　CSS在电子商务网站网页布局中的应用 ... 29
问题探究6：CSS滤镜的应用方法 ... 31
知识拓展6：CSS技术的特点 ... 33
知识梳理与总结 ... 34
实训2　电子商务网站的整体策划 ... 34

项目3　网络数据库的配置与使用 ... 36
教学导航 ... 36
任务3-1　创建网络数据库 ... 37
问题探究7：网络数据库设计的规范化方法 ... 40
知识拓展7：常见的网络数据库 ... 41

任务 3-2　网络数据库结构化查询语言（SQL）的使用 ················· 42
　　　　问题探究 8：SELECT 语句的使用 ································· 46
　　　　知识拓展 8：结构化查询语言（SQL）的功能 ····················· 48
　　任务 3-3　创建网络数据库的连接 ····································· 48
　　　　问题探究 9：两种网络数据库连接方式的比较 ····················· 54
　　　　知识拓展 9：ODBC 技术 ·· 55
　　任务 3-4　创建数据记录集 ·· 56
　　　　问题探究 10：简单记录集与高级记录集的区别 ···················· 59
　　　　知识拓展 10：记录集 ·· 59
　　知识梳理与总结 ··· 59
　　实训 3　Web 网络数据库的创建与使用 ································· 60

项目 4　开发电子商务网站前台用户系统 ······································· 61

　　教学导航 ·· 61
　　任务 4-1　制作新闻列表主页面 ······································· 62
　　　　问题探究 11：标题文字长度截取方法 ····························· 67
　　　　知识拓展 11：ASP 网络编程方法 1——Response 对象 ············ 67
　　任务 4-2　制作热门图书浏览页面 ····································· 68
　　　　问题探究 12：数据横向显示方法 ································· 71
　　　　知识拓展 12：ASP 网络编程方法 2——Response 对象的 Write 方法 ··· 73
　　任务 4-3　制作分类浏览页面 ··· 74
　　　　问题探究 13：制作新闻分类导航页面 ····························· 79
　　　　知识拓展 13：ASP 网络编程方法 3——网页重定向 Radirect 方法 ··· 80
　　任务 4-4　制作详细浏览页面 ··· 81
　　　　问题探究 14：制作图书详细浏览页面 ····························· 84
　　　　知识拓展 14：ASP 网络编程方法 4——结束脚本执行和缓冲区处理 ··· 85
　　任务 4-5　制作图书查询系统 ··· 86
　　　　问题探究 15：模糊查询方法 ····································· 88
　　　　知识拓展 15：ASP 网络编程方法 5——Request 对象 ·············· 89
　　知识梳理与总结 ··· 90
　　实训 4　制作基本动态网页 ·· 90

项目 5　开发电子商务网站后台管理系统 ······································· 91

　　教学导航 ·· 91
　　任务 5-1　制作后台管理系统管理员登录页面 ··························· 92
　　　　问题探究 16：表单基本用法 ····································· 94
　　　　知识拓展 16：ASP 网络编程方法 6——Request 对象的 Cookies 集合 ··· 94
　　任务 5-2　制作后台管理系统主页面 ··································· 95
　　　　问题探究 17：框架应用方法 ····································· 98
　　　　知识拓展 17：ASP 网络编程方法 7——Request 对象的 Form 集合 ··· 99

  任务 5-3 制作新闻（图书）添加页面 ···101
    问题探究 18：在线编辑器（eWebEditor）应用方法 ···106
    知识拓展 18：ASP 网络编程方法 8——获取、查询提交数据 ·································107
  任务 5-4 制作新闻（商品）编辑页面 ···109
    问题探究 19：在线编辑器（eWebEditor）编辑修改内容方法 ·································113
    知识拓展 19：ASP 网络编程方法 9——获取机器环境信息 ·····································114
  任务 5-5 制作新闻（商品）删除页面 ···116
    问题探究 20：SQL 语句中 IN 的用法 ···120
    知识拓展 20：ASP 网络编程方法 10——Application 对象 ······································120
  知识梳理与总结 ··121
  实训 5 开发新闻发布系统 ···122

项目 6 开发电子商务网站在线投票系统 ···124
  教学导航 ··124
  任务 6-1 制作投票显示页面 ···125
    问题探究 21："转到 URL"行为应用方法 ···127
    知识拓展 21：ASP 网络编程方法 10——Lock 和 Unlock 方法 ·····························127
  任务 6-2 制作投票结果显示页面 ···128
    问题探究 22：防止重复投票应用方法 ···132
    知识拓展 22：ASP 网络编程方法 11——Application 对象事件 ····························132
  任务 6-3 制作投票项目编辑管理页面 ···133
    问题探究 23：隐藏域应用方法 ···137
    知识拓展 23：ASP 网络编程方法 12——Session 对象 ···137
  任务 6-4 设计投票项目得分清空功能 ···137
    问题探究 24："打开浏览器窗口"行为应用方法 ···139
    知识拓展 24：ASP 网络编程方法 13——Session 对象的数据集合 ·······················141
  知识梳理与总结 ··142
  实训 6 开发企业网站 ···142

项目 7 开发电子商务网站在线购物车 ···144
  教学导航 ··144
  任务 7-1 安装购物车相关插件 ···145
    问题探究 25：Dreamweaver 插件应用方法 ··146
    知识拓展 25：ASP 网络编程方法 14——Timeout 和 SessionID 属性 ····················147
  任务 7-2 制作放入购物车页面 ···147
    问题探究 26：购物车两种商品添加模式的比较 ···153
    知识拓展 26：ASP 网络编程方法 15——Session 对象方法和对象事件 ················153
  任务 7-3 制作购物车内容处理页面 ···154
    问题探究 27："window.location"方法应用 ··156
    知识拓展 27：ASP 网络编程方法 16——GLobal.asa 文件的使用 ··························156

· IX ·

任务7-4　制作客户信息页面 ··· 158
　　　　问题探究28：表单方法"Post"与"Get"的比较 ································ 159
　　　　知识拓展28：ASP 网络编程方法16——Server 对象 ···························· 159
　　任务7-5　制作购物车及客户信息存储页面 ·· 160
　　　　问题探究29：修改记录集锁定方法 ··· 163
　　　　知识拓展29：ASP 网络编程方法17——HTMLEncode 和 MapPath 方法 ········· 164
　　任务7-6　制作购物车订单显示页面 ··· 165
　　　　问题探究30：几种购物车开发技术的比较 ······································ 168
　　　　知识拓展30：ASP 网络编程方法18——Execute、Transfer 和 CreateObject 方法 ··· 169
　　知识梳理与总结 ·· 171
　　实训7　开发网上购物系统 ··· 171

项目8　开发电子商务网站其他常见功能系统 ·· 172

　　教学导航 ·· 172
　　任务8-1　制作用户注册/登录系统 ··· 173
　　　　问题探究31：用户注册/用户登录技术实现方案 ································ 175
　　　　知识拓展31：IIS+ASP+Access 电子商务网站的安全隐患 ····················· 176
　　任务8-2　制作留言系统 ··· 177
　　　　问题探究32：格式控制函数定义方法 ·· 182
　　　　知识拓展32：构建安全的 Web 服务器运行环境 ································ 183
　　任务8-3　制作网站计数器 ·· 184
　　　　问题探究33：在线人数统计程序设计方法 ····································· 192
　　　　知识拓展33：提高数据库的使用安全性 ··· 193
　　知识梳理与总结 ·· 195
　　实训8　开发同学通讯录系统 ··· 196

项目9　发布与管理电子商务网站 ·· 197

　　教学导航 ·· 197
　　任务9-1　域名注册和空间申请 ·· 198
　　　　问题探究34：虚拟主机技术 ·· 202
　　　　知识拓展34：提高 ASP 页面安全性能的方法 ·································· 203
　　任务9-2　发布电子商务网站 ··· 204
　　　　问题探究35：Dreamweaver 的站点 FTP 功能 ································ 207
　　　　知识拓展35：Dreamweaver 站点文件管理 ····································· 207
　　任务9-3　管理电子商务网站 ··· 208
　　　　问题探究36：常见的网站推广方法 ·· 211
　　　　知识拓展36：网站建设与维护建议 ·· 212
　　知识梳理与总结 ·· 212
　　实训9　用 FlashFXP 发布网站 ··· 213

参考文献 ··· 214

项目 1 构建电子商务网站开发环境

教学导航

在众多的电子商务网站开发方案中,由微软公司推出的 IIS(Internet Information Services,Internet 信息服务)+ ASP(Active Server Pages,编程语言)+Access(网络数据库)的组合方案得到了广泛的应用。目前,IIS+ASP+Access 已成为中小型电子商务网站建设的首选方案。在本书中,我们将利用 IIS+ASP+Access 完成"重庆曼宁网上书城"整体网站的开发过程。

学习电子商务网站的开发,首先是学习电子商务网站开发环境的构建。在本项目中,将主要通过 Dreamweaver 平台进行 ASP 电子商务网站开发环境的构建,包括 IIS 服务器的安装与配置、Dreamweaver 动态站点定义、使用 Dreamweaver 创建 ASP 网页等。

电子商务网站开发实务

任务 1-1　安装与配置 IIS 服务器

任务引出

IIS 作为 ASP 等开发工具的运行平台，因其方便性和易用性，目前已成为最为流行的 Web 服务器平台。ASP 的正确执行离不开 IIS 服务器的支持，就常见的 Windows NT Server/Windows 2000/Windows XP 而言，IIS 一般内置于操作系统中，如果没有安装，则需安装和配置 IIS。

在本任务中，将为 Windows XP 完成 IIS 服务器的安装与配置。

作品预览

在浏览器地址栏中输入"http://localhost/IISHelp/iis/misc/default.asp"，按回车键，如果 IIS 服务器已安装并配置成功，将会出现如图 1-1 所示的 IIS 信息服务 5.1 文档浏览器窗口。

图 1-1　IIS5.1 文档浏览器窗口

实践操作

1. 安装 IIS

IIS 是微软公司推出的提供 Web 站点服务的组件，使用 IIS 可以方便地设置和管理 Web 站点，可以通过如下步骤完成 IIS 的安装与配置。

（1）在光驱中放入 Windows XP 操作系统光盘。

（2）选择执行【开始】→【控制面板】→【添加或删除程序】命令，弹出【添加或删除程序】对话框，如图 1-2 所示。

（3）在【添加或删除程序】对话框中单击左侧的【添加/删除 Windows 组件】按钮，在弹出的【Windows 组件向导】对话框中选择【Internet 信息服务（IIS）】及其他所需安装的组件，如图 1-3 所示，然后按照向导提示操作即可。最后，单击【完成】按钮完成 IIS 的安装。

项目 1　构建电子商务网站开发环境

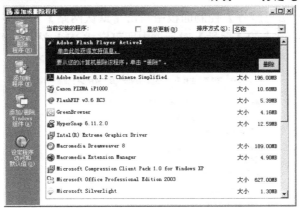

图 1-2　"添加或删除程序"对话框

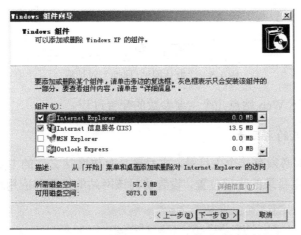

图 1-3　安装 IIS

2．配置 IIS 服务器

（1）选择执行【开始】→【所有程序】→【管理工具】→【Internet 信息服务】命令，启动【Internet 信息服务】控制面板，如图 1-4 所示。

图 1-4　"Internet 信息服务"控制面板

（2）在【Internet 信息服务】控制面板中右击【默认网站】，在弹出的快捷菜单中选择【属性】选项，在 Web 站点的【属性】对话框中即可完成 Web 站点的配置，如图 1-5 所示。

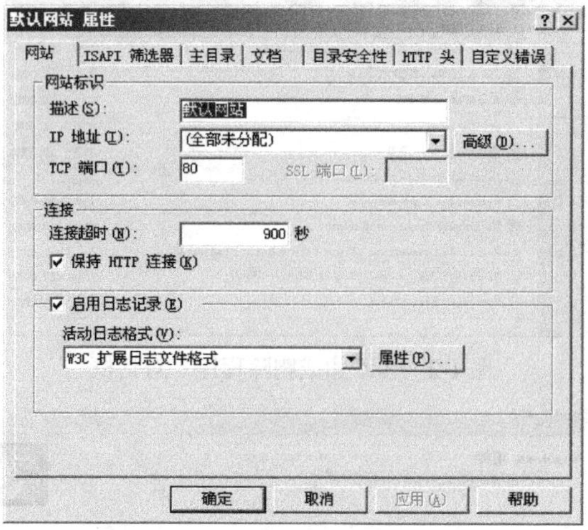

图 1-5 "默认网站 属性"对话框

下面简要介绍一下 Web 站点几个主要参数的配置过程。

1）配置 Web 站点的主目录

每个 Web 站点都必须有一个主目录，主目录是存放网站文件的主要场所。在【主目录】选项卡下，可以指定主目录的物理位置，设置访问该网站的权限和应用程序，如图 1-6 所示。

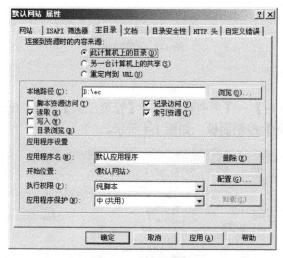

图 1-6 主目录设置

2）配置应用程序选项

在【主目录】选项卡中单击【配置】按钮，弹出【应用程序配置】对话框，在该对话框中单击【选项】选项卡，可以设置应用程序是否启用会话状况功能、会话超时的时间，是否启用缓冲、父路径和默认的 ASP 脚本语言和 ASP 脚本的超时时间，如图 1-7 所示。

项目1　构建电子商务网站开发环境

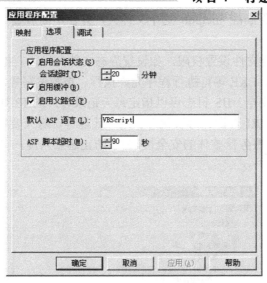

图 1-7　应用程序配置

3）设定默认文档

每个网站都会有默认文档，默认文档就是访问者访问站点时首先要访问的那个文件，如 index.htm、index.asp、default.asp 等，这里需要指定默认文档的名称和顺序，如图 1-8 所示。

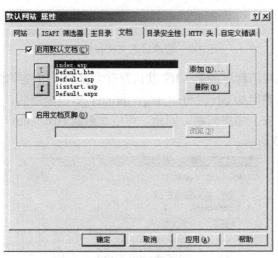

图 1-8　默认文档设置

问题探究 1：IIS 服务器安全配置方法

作为世界最受欢迎的 Web 服务器软件，IIS 的安全性也一直备受人们的质疑，主要原因在于它经常被发现有安全漏洞。其实，完全可通过对 IIS 服务器的合理配置来提高 IIS 服务器的安全性。

在 IIS 服务器的安全配置方面，主要应把握以下几点。

（1）尽量不要使用默认的 Web 站点。"c:\inetpub\wwwroot\"是 IIS 默认的 Web 站点路

径，目前很多黑客都已经瞄准 inetpub 这个文件夹，并在里面放置一些黑客工具，从而造成服务器的瘫痪。

（2）为 IIS 中的分类文件设置权限。如设置静态文件允许读、拒绝写，ASP 脚本文件允许执行、拒绝写与读取，EXE 等可执行程序允许执行、拒绝读写等。

（3）保护 IIS 日志安全。IIS 日志可以指定每天记录客户的 IP 地址、用户名、服务器端口、方法、URI 资源、URI 查询、协议状态、用户代理等，每天要审查日志，确保 IIS 日志的安全能有效提高 Web 服务器整体的安全性。为了防止恶意入侵，一般都要修改其存放路径，如图 1-9 所示。

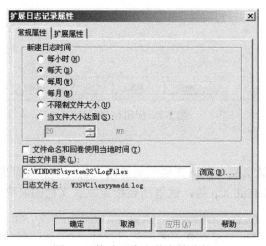

图 1-9 修改日志文件存放路径

（4）删除不必要的应用程序映射。IIS 默认存有大量的应用程序映射，但除了必需的.asp 等程序映射外，其他的映射如.cdx、.htr、.idq、.printer 等很少用到，并且这些程序映射已经被发现存有缓冲溢出等安全隐患问题。因此，可依次删除.cdx、.htr、.idq 和.printer 等多个应用程序映射，如图 1-10 所示。

图 1-10 删除不必要的应用程序映射

知识拓展 1：静态网页技术与动态网页技术

随着 Web 技术的快速发展，静态的网页开发技术已经无法适应人们的需要，人们更多的是需要网站客户端与服务器间能实时交互操作的动态网页开发技术。

下面，我们就来介绍一下静态网页和动态网页两种开发技术的特点与区别。

1．静态网页技术

静态网页由纯 HTML 代码编写而成，除了可以浏览网页的内容外，无法实现浏览者与服务器之间的交互操作，早期的网站大多是静态网站。在静态网站中，程序、网页、插件、组件均运行于客户端，而且没有后台数据库、不含程序和可交互的网页。

静态网页一般具有如下特点。

（1）每个静态网页都有一个固定的 URL，且网页 URL 一般以.htm、.html、.shtml 等常见形式为后缀，不含有"?"符号。

（2）网页内容一经发布到网站服务器上，无论是否有用户访问，每个静态网页的内容都是保存在网站服务器上的，内容就不会再变化；不管何时何人访问，显示的都是一样的内容，如果要修改有关内容，就必须修改源代码，然后重新上传到服务器上。

（3）静态网页的内容相对稳定，因此容易被搜索引擎检索。

（4）静态网页没有数据库的支持，在网站制作和更新维护方面工作量较大，因此静态网站一般只适用于更新较少的展示型网站。

（5）静态网页的交互性较差，在功能方面有较大的限制。

静态网页的工作原理可用图 1-11 表示。

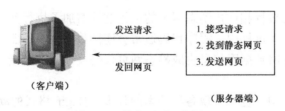

图 1-11　静态网页工作原理

当浏览者在浏览器里输入一个静态网页网址并按回车键后，就向服务器端提出了一个浏览网页的请求。服务器端接受请求后，就会找到要浏览的静态网页文件，然后发送到浏览器上显示出来。

2．动态网页技术

与静态网页相反，动态网页浏览者能与网站服务器之间能够实现信息的交互操作，如网站中的用户注册、在线订购等。一般而言，动态网站中，程序、网页、组件等在服务器端运行，而且会随浏览者的不同、浏览时间的不同，返回不同的动态网页。

动态网页一般具有如下特点。

（1）网页 URL 一般以.asp、.jsp、.php 等常见形式为后缀；通常，在动态网页的网址中一般都含有一个符号"？"，用来传递参数。

（2）动态网站以数据库技术为基础，大大降低了网站维护和内容更新的工作量。

（3）动态网站可以实现更多的交互功能，如用户注册、用户登录、在线调查、用户管理、订单管理等。

（4）动态网站中的网页文件实际上并不是独立存在于服务器中，而是根据浏览者的请求由服务器动态生成的网页。

（5）由于动态网页实际上并不是一个存放在服务器上的独立文件，当没有用户请求时这个动态网页实际上是不存在的，搜索引擎一般不可能从一个网站的数据库中访问全部网页，这就给搜索引擎检索造成了一定的困难，因此采用动态网页的网站在进行搜索引擎推广时，需要做一定的技术处理才能适应搜索引擎的要求。

动态网页的工作原理可用图1-12表示。

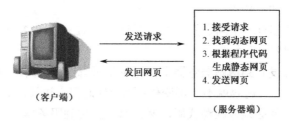

图1-12 动态网页工作原理

当浏览者在浏览器里输入一个动态网页网址并按回车键后，就向服务器端提出了一个浏览网页的请求，服务器端接受请求后，首先会找到要浏览的动态网页文件，然后执行网页文件中的程序代码，将含有程序代码的动态网页转化为标准的静态网页，最后将静态网页发送给客户端。

与静态网页的运行过程相比，动态网页的执行过程增加了执行动态网页程序代码并生成静态网页的内容。在这个过程中，程序代码通常会连接数据库服务器，并从数据库中提取相应的数据，然后实时地将数据库信息生成静态网页代码反馈到客户端，最后经客户端浏览器解释并显示出来。

另外，在静态网页中，也会出现各种动态的效果，如.gif格式的动画、Flash、滚动字母等，这些"动态效果"只是视觉上的，与动态网页并无直接关联；反之，动态网页既可以是纯文字内容的，也可以是包含各种动画内容的，这些只是网页具体内容的表现形式。总之，无论网页是否具有动态效果，采用动态网站技术生成的网页都称为动态网页。

在"重庆曼宁网上书城"的开发过程中，要考虑到大量的与客户的"交互"活动，因此书城的开发必须要用到动态网页制作技术，静态网页制作技术主要体现在网页的基本设计、制作、布局方面等方面。在网站开发过程中二者是相辅相成的，不可顾此失彼。

任务1-2　Dreamweaver站点定义

任务引出

Dreamweaver是由美国Macromedia公司开发的集网页制作、网站管理和程序开发于一身

项目 1　构建电子商务网站开发环境

的"所见即所得"形式的网页编辑器。利用 Dreamweaver，可以在本地计算机上创建出站点的框架，从整体上对站点全局进行把握。

要制作一个完整的网站，首先需要创建一个站点，只有建立了站点，才能更好地完成网页制作和站点文件管理。在本任务中，将利用 Dreamweaver 完成"重庆曼宁网上书城"站点的定义。

作品预览

打开 Dreamweaver 的【文件】窗口，如果站点定义成功即会出现如图 1-13 所示窗口。

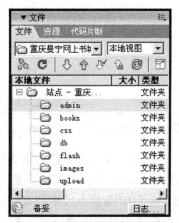

图 1-13　Dreamweaver 站点定义

实践操作

（1）在本地计算机的合适位置创建站点文件夹，如"D:\ec"，并在该文件夹下创建本站点的目录结构，如图 1-14 所示。

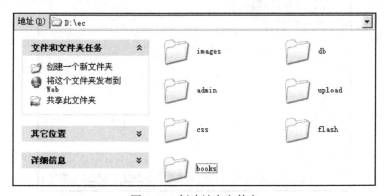

图 1-14　创建站点文件夹

（2）启动 Dreamweaver，选择【站点】→【新建站点】命令，弹出【站点定义】对话框，如图 1-15 所示。在【您打算为您的站点起什么名字？】文本框中输入网站的名字，如"重庆曼宁网上书城"；在【您的站点的 HTTP 地址（URL）是什么？】文本框中输入站点的 HTTP

9

地址，如"http://www.ec211.com"，此项也可以不填，由系统自动生成，在此选择不填。

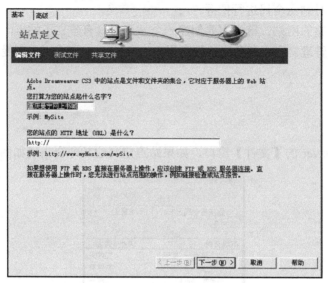

图 1-15　定义站点名称和 URL 地址

（3）单击【下一步】按钮，在打开的【编辑文件，第 2 部分】页面中，如果选择【否，我不想使用服务器技术。】单选按钮，表示将建设的站点是一个静态站点，没有动态网页；如果要使用 ASP、ASP.NET、JSP 或 PHP 等脚本技术创建动态网页，则应选择【是，我想使用服务器技术。】单选按钮，然后在【哪种服务器技术？】下拉列表中选择将采用的脚本，如 ASP VBScript，如图 1-16 所示。

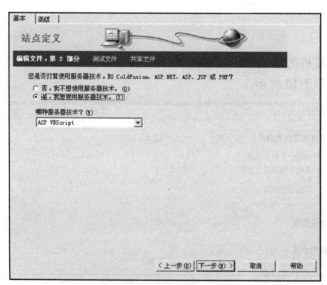

图 1-16　服务器技术选择

（4）单击【下一步】按钮，在弹出的【编辑文件，第 3 部分】页面中选择【在本地进行编辑和测试（我的测试服务器是这台计算机）】单选按钮；并在【您将把文件存储在计算机上的什么位置？】文本框中输入本地站点位置，如"D:\ec\"，如图 1-17 所示。

项目 1　构建电子商务网站开发环境

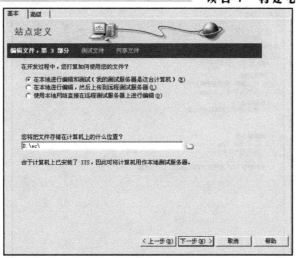

图 1-17　定义站点文件夹

（5）单击【下一步】按钮，弹出【测试文件】页面，系统会显示先前输入或自动生成的 URL，当然也可以在此时录入新的 URL，单击【测试 URL】按钮进行前缀测试，如果返回测试成功提示框，则说明该 URL 字符串可以使用，否则需要进行更改，如图 1-18 所示。

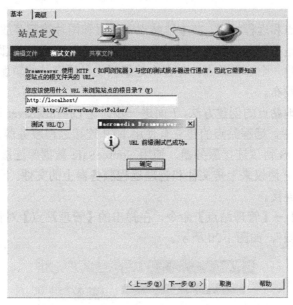

图 1-18　站点测试

（6）单击【下一步】按钮，并在弹出的对话框中选择【否】单选按钮，表示以本地为测试服务器；继续单击【下一步】按钮，在弹出的【总结】页面中简要列举了网站的信息，如站点名称、本地存放文件夹、远程服务器和测试服务器等相关的信息，如图 1-19 所示。

（7）单击【完成】按钮，完成网站的设置。

到现在为止已经定义好了"重庆曼宁网上书城"站点，接下来就可以往里面添加各种文档和图片资源，编辑自己的网页了。

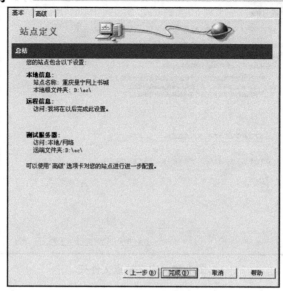

图 1-19 完成站点创建

问题探究 2：Dreamweaver 远程站点定义方法

站点分为本地站点和远程站点。在本地站点中网页和图片等都存放在本地，而且 Web 服务器也是在本地，但是在很多情况下，网站文件都需要存放在远处的服务器而不是本地。在这种情况下，可以创建一个远程站点，先在本地编辑文件或直接编辑服务器上的文件，然后在远程服务器上进行发布。

前面介绍的是本地站点的创建方法，下面进一步讨论 Dreamweaver 远程站点的定义方法。

在 Dreamweaver 中，远程站点的建立有使用 FTP 连接远程服务器、使用 WebDAV 协议连接服务器、使用 RDS 协议连接服务器、使用 SourceSafe 数据库连接服务器等 4 种方法，但基本上都是使用 FTP 协议来上传文件和管理远程服务器上的文件。下面就利用 FTP 协议来创建一个远程站点的连接。

（1）选择【站点】→【管理站点】命令，在弹出的【管理站点】对话框中选择站点名称，如"重庆曼宁网上书城"，如图 1-20 所示。

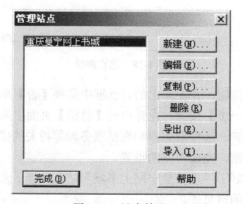

图 1-20 站点管理

项目1 构建电子商务网站开发环境

（2）单击【编辑】按钮，在弹出的【站点定义】对话框中，选择【远程信息】单选按钮，在【访问】下拉列表中选择【FTP】；在【FTP 主机】文本框中输入远地的 FTP 主机名称，如"www.ec211.com"或对应的 IP 地址；在【登录】和【密码】文本框中输入可以登录远程服务器的用户名和密码，如图 1-21 所示。

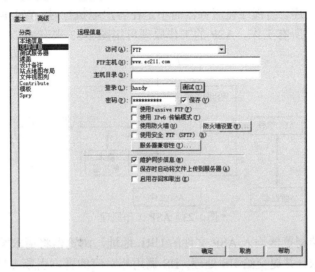

图 1-21 站点远程信息设置

（3）当用户名和密码输入完毕后，单击【测试】按钮，可检查连接是否成功，如果成功，Dreamweaver 则会提示连接成功信息，如图 1-22 所示。

图 1-22 远程站点连接成功

（4）单击【确定】按钮，完成使用 FTP 连接远程站点定义的配置。

知识拓展 2：ASP 工作原理

ASP（Active Server Pages，活动服务器页面）是微软公司开发的一套 Web 服务器开发环境，可用来创建和运行动态交互的 Web 服务器应用程序。它具有实现主页的动态化、功能强大、扩展性能强、开发周期短、与服务器紧密结合等优点，弥补了一些传统服务器端应用程序（如 CGI）的不足。作为一种服务器端的脚本编写环境，ASP 没有提供自己专门的编程语言，用户也不需要了解过多的语言知识，而只需学习相对较简单的脚本（如 VBScript、JavaScript 等），就可以完成服务器端的多种操作；当程序执行完毕后，服务器仅将所执行的结果以 HTML 格式传送至客户端的浏览器，这样既减轻了客户端浏览器的负担，又大大地提高了 Web 程序的安全性。

目前，在 IIS 的强力支持下，利用 ASP 技术，可以为 Web 页面添加交互内容，构建动态网页，甚至可以调用 ActiveX 组件来执行任务，如连接数据库等，以生成功能强大的完整的 Web 应用程序。

ASP 是一个服务器端的脚本执行环境，用户可用它产生和执行动态的、交互的、高性能的 Web 服务器应用程序，当程序在服务器而不是在客户端执行时，Web 服务器将完成产生浏览器的 HTML 网页的所有工作。ASP 的工作原理可用图 1-23 来表述。

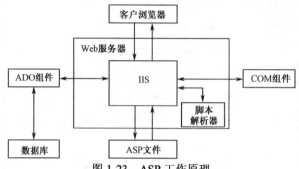

图 1-23 ASP 工作原理

当用户在客户端浏览器输入 ASP 文件的 URL 地址，浏览器将请求发送给 Web 服务器，Web 服务器接受请求，并提交给 IIS 处理；IIS 调用相对应的脚本引擎（ASP 提供两种脚本引擎：VBScript 和 JScript，VBScript 是 IIS 默认支持的脚本引擎，本书中均采用 VBScript）来执行 ASP 文件，ASP 文件按照从上到下的顺序开始处理，执行过程中可能需要调用 ADO（Active X 数据对象）组件去操作数据库文件，也可能会调用其他 COM 组件；IIS 运行 ASP 代码后，将生成 HTML 页面内容，Web 服务器将生成的 HTML 网页送到浏览器并正确显示。如在浏览器地址栏中输入地址"http://localhost/index.asp"，按下回车键，浏览器将该操作请求发送给 Internet 服务器 IIS，IIS 的 WWW 服务程序接受该请求，启动位于服务器上的 index.asp 文件，运行其中的脚本，生成 HTML 文档返回客户浏览器，并以网页形式呈现。

任务 1-3 使用 Dreamweaver 创建 ASP 网页

任务引出

Dreamweaver 不仅可以轻而易举地制作出跨越平台限制和跨越浏览器限制的充满动感的网页，Dreamweaver 也是构建强大 ASP 应用程序的最简便的途径，开发人员可以在一个开发环境下快速实现网站以及 ASP 应用程序的创建与管理。

在本任务中，将利用 Dreamweaver 创建第一个 ASP 页面。

作品预览

在地址栏中输入"http://localhost/test.asp"，按回车键，将会出现分时间候语的页面。如果在早上访问页面，则会弹出"早安，欢迎来到重庆曼宁网上书城！"等内容；如果在晚上访问页面，则会弹出"晚安，欢迎来到重庆曼宁网上书城！"等内容，如图 1-24 所示。

项目1 构建电子商务网站开发环境

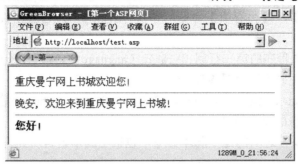

图 1-24 预览 ASP 页面

实践操作

（1）启动 Dreamweaver，选择【文件】→【新建】命令，在弹出的【新建文档】对话框中选择【动态页】→【ASP VBScript】命令，单击【创建】按钮，如图 1-25 所示。

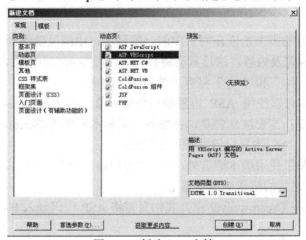

图 1-25 新建 ASP 文档

（2）在新建的 ASP 页面中，单击编辑窗口中的【代码】按钮切换到代码视图，在标签 <body>与</body>之间加入相关 ASP 代码，如图 1-26 所示。

图 1-26 ASP 文档代码

（3）选择【文件】→【另存为】命令，并以"test.asp"为名保存 ASP 文档。

说明：

① 主脚本在 ASP 程序的第一行用"<% @ Language=…%>"语句指定，如果不指明主脚本语言，则默认的主脚本语言是 VBScript；

② 程序中的<head>、<title>、</title>、</head>、<body>、</body>等均是 HTML 的标记，指明页面上标题等信息的显示属性；

③ "<%"和"%>"之间的是主脚本命令，包括主脚本语言所允许的语句、表达式和操作符等；

④ 在 ASP 程序中，可以使用多种脚本语言混合编程，即除了主脚本语言外，还可以在页面的局部使用其他脚本语言。在使用其他脚本语言时，要用 HTML 的"<Script>"和"</ Script>"进行标记，其格式为：

```
<Script Language=脚本语言名称  RunAt=Server>
…
</ Script>
```

⑤ 在客户端运行的脚本是嵌在网页中的一段程序，由浏览器解释执行；由于有些浏览器不能识别<Script>标记及内容，这样只会将有关的代码显示在页面上，为了避免这种情况，应该使用注释标记"<!--"和"-->"将有关的语句括起来；

⑥ 服务器端脚本可以使用 ASP 内置的服务器对象，如 Response、Request、Session、Application、Server 等；需要注意的是，在服务器端脚本中使用<Script>和</Script>标记时，不要再用"<!--"和"-->"注释标记屏蔽程序代码；

⑦ ASP 程序中除了使用脚本语言外，还可以使用输出命令，其格式为：<%=表达式 %>，该命令的作用是将表达式的值送到浏览器上。

从上面可看出，在 Dreamweaver 中，我们只需将 ASP 代码嵌入 HTML 代码中即可达到动态编程效果。

问题探究 3：ASP 程序编写方法

从上面可以看出，ASP 代码是嵌入到 HTML 代码中的，它是依托 HTML 而存在的，也就是说，必须把脚本代码放在 HTML 文档中，否则将无法执行。

一般来说，一个简单的 ASP 程序可以包括以下三部分：

① 普通的 HTML 文件；

② 服务器端的脚本程序代码，位于"<% … %>"之内的程序代码；

③ 客户端的脚本程序代码，位于"<Script> … </Script>"之内的程序代码。

需要注意的是，脚本代码不一定需要 IIS 的支持，可直接嵌套在 HTML 中，并以*.html 文件存储在浏览器端直接解释执行，但以"<%"和"%>"包围的脚本代码则需要 IIS 的支持，且要保存在以*.asp 为扩展名的文件名中，一定要通过网址来访问这些文件。也可以在同一个 ASP 页面上同时包含客户端脚本和服务器端脚本，服务器端脚本在服务器上运行，运行的结果连同客户端脚本将被送往浏览器，并由浏览器继续运行客户端脚本。ASP 文件的执行

项目 1　构建电子商务网站开发环境

过程可用图 1-27 表示。

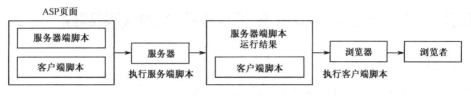

图 1-27　ASP 文件的执行过程

知识拓展 3：ASP 内置对象

在上面提到了一个概念——内置对象，下面简要介绍一下什么是内置对象。

ASP 内置对象是 ASP 脚本编程的基础，每个内置对象都有其各自的属性、集合和方法，并且可以响应有关事件，灵活应用这些对象的属性、集合和方法，可以开发出功能强大而灵活的动态网站，而用户完全不必了解这些内置对象内部复杂的数据传递与执行机制。ASP 常用的内置对象有 Request、Response、Session、Server、Application 和 ObjectContext 6 个内置对象，这些对象的功能如表 1-1 所示。

表 1-1　ASP 常用内置对象的功能

对象	功能说明
Response	提供响应客户端请求的各种数据内容
Request	传送向服务器端提出请求所需的数据内容
Application	存储以整个网站为范围对象的共享变量
Session	存储以在线用户为范围对象的共享变量
Server	提供服务器端网页语言所需的各种方法与属性，如 HTML 编码、返回 URL 路径等
ObjectContext	提交或中止由 ASP 脚本启动的事务

 注意：

上述的 6 个 ASP 内置对象都是在服务器端运行的，应该放在服务器脚本中。

知识梳理与总结

（1）作为一个 Web 服务器，IIS 是实现 ASP 动态网页所必需的环境和核心，在 ASP 电子商务动态网站开发之前，必须首先安装与配置 IIS 服务器。

（2）对 ASP 电子商务动态网站而言，Dreamweaver 站点定义可以指定和配置动态站点的相关参数，如服务器技术类型等。只有这样，我们才能利用 Dreamweaver 提供的可视化动态数据处理功能。

（3）创建 ASP 网页，所需要的只是一个文本编辑器的环境，如记事本等，但为了与 Dreamweaver 更好地无缝结合，应掌握在 Dreamweaver 环境中创建 ASP 网页的方法。

17

电子商务网站开发实务

实训 1　在 Dreamweaver 环境下编写 ASP 应用程序

1．实训目的

（1）掌握 Dreamweaver 环境下 ASP 运行环境的配置方法；
（2）掌握用 Dreamweaver 编辑器编写 ASP 程序的方法；
（3）熟悉 VBScript 脚本语句的运用技巧；
（4）了解 ASP 内置对象的使用。

2．实训内容

1）熟悉 Dreamweaver 基本操作

在网上下载并安装网页制作工具 Dreamweaver 8 或 Dreamweaver CS3，熟悉其工作环境和基本操作。

2）配置 IIS

在完成 IIS 的安装与配置后，打开 Dreamweaver 代码视图，在<body>与</body>间插入以下脚本：

```
<%= now() %><br>
<%
Response.write"IIS5.0 是否配置成功，请看运行结果！"
%>
```

将文件以"test.asp"为文件名保存在"C:\Inetpub\wwwroot"文件夹下，然后在地址栏中输入："http://127.0.0.1/test.asp"，运行 test.asp 文件后查看测试结果，并检验 IIS 是否已正确配置。

3）编写和运行 ASP 程序

启动 Dreamweaver，练习用 Dreamweaver 编辑器直接编写 ASP 程序，进行如下内容的训练。

（1）练习 ASP 的基本语句构成。
Greet.asp：

```
<%@LANGUAGE="VBSCRIPT" CODEPAGE="936"%>
<head>
<title>我的第一个 ASP 网页</title>
</head>
<body>
<SCRIPT LANGUAGE="VBSCRIPT">
<!--
```

```
        document.write"您好,非常欢迎您的到来！<br><hr>"
        -->
        </SCRIPT>
<%
P = Hour(Now)
If P >= 6 And P <= 18 Then
    Response.Write "早安，您好!<br><hr>"
Else
    Response.Write "晚安，您好!<br><hr>"
End If
%>
<B>您好！</B>
</body>
</html>
```

（2）练习循环语句的使用。

Cycle.asp：

```
<%
For I = 1 To 10
    Response.Write "请记住，这是第 "
    Response.Write I
    Response.Write " 次循环<P>"
Next
%>
```

（3）练习函数及过程的定义与调用。

Calling.asp：

```
<%
Name = "石中国"
score = 51
Call IsScorePassed       ' 执行 IsScorePassed 子程序
Sub IsScorePassed
    Response.Write Name & ", "
    If score >= 60 Then
        Response.Write "你及格了!"
    ElseIf score >= 50 Then
        Response.Write "你还可以补考!"
    Else
        Response.Write "你不及格，要努力哟!"
    End If
End Sub
Response.Write "<HR>"
%>
```

项目 2 电子商务网站的整体策划

教学导航

在着手开发电子商务网站前,需对所开发的网站进行整体策划。在本项目中,将根据电子商务网站的整体策划要求,并以"重庆曼宁网上书城"网站的整体策划为实例,从电子商务网站的栏目规划、主页内容布局、CSS 网页布局等几个方面展开对电子商务网站的策划。

项目 2　电子商务网站的整体策划

任务 2-1　电子商务网站的栏目规划

任务引出

重庆曼宁书城作为一家书业零售企业，一流的书城必须提供一流的服务。重庆曼宁书城决定为读者提供另一种快捷、现代化的服务手段——重庆曼宁网上书城，顾客通过登录网上书城可了解书城的最新资讯、上架的各类书籍状况、每本图书的信息（如作者、出版商、出版日期、价格等）。书店管理员也可直接修改书库信息等。

为了更好地开发"重庆曼宁网上书城"，首先应策划出合适的网站栏目。在本任务中，将引导读者完成重庆曼宁网上书城网站栏目的规划。

作品预览

对于一个网上书城来说，需要有顾客注册/登录、购物车、图书搜索、热门图书、新书推荐、书城新闻、业内资讯、图书分类、在线调查、订单查询等栏目，图 2-1 即为"重庆曼宁网上书城"网站的基本栏目架构图。

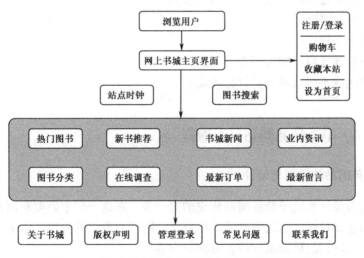

图 2-1　"重庆曼宁网上书城"网站的基本栏目架构

实践操作

网站栏目的实质就是一个网站的大纲索引，索引应该将网站的主题明确显示出来。在对"重庆曼宁网上书城"网站做好统筹规划后，应针对网站的"图书"主题收集各种相关的资料，并对所有的资料进行仔细甄选，并根据网站的内容和功能分门别类地确定主、次栏目，规划好网站的框架，整理出站点的内容之间的逻辑功能结构图。确定栏目内容的原则如下：

21

(1) 尽可能删除与主题无关的栏目；
(2) 尽可能将网站最有价值的内容列在栏目上；
(3) 尽可能方便访问者的浏览和查询。
总之，在确定栏目的时候，既要仔细考虑，又要合理安排。

"重庆曼宁网上书城"网站作为重庆曼宁书城的网络服务窗口，主要以宣传公司的企业形象和图书展示、交易、查询为主，因此重点应落实在会员管理、购物车管理、资讯管理、图书查询、图书分类管理、图书信息浏览、顾客留言、在线调查、订单管理、后台管理等几个方面。经过进一步的优化分析，"重庆曼宁网上书城"网站主要包括顾客注册/登录、我的购物车、图书搜索、热门图书、新书推荐、图书分类、书城新闻、业内资讯、在线调查、最新订单、最新留言、后台管理等栏目，如图2-1所示。

问题探究4：网站主题确定方法

网站栏目内容的规划应紧紧围绕网站的主题来展开。

网站主题就是网站所要表述的主要内容。在开发网站前，开发者首先要策划出主题和方向，才能展现网站的作用。主题是目标，内容是根本。一个成功的电子商务网站在内容方面必须紧扣在主题范围之内，才能不脱离网页设计和制作的技术轨道。

对于网站主题的选择，一般的方法与要求如下：
(1) 主题定位要准确；
(2) 主题要小而精；
(3) 题材最好选择自己擅长或者喜爱的内容；
(4) 题材的选取不要太滥或者目标太高。

知识拓展4：电子商务网站开发流程

1. 电子商务网站的规划与设计

网站的规划与设计是电子商务网站建设的第一步。在这一步中需要对网站进行整体的分析，明确网站的建设目标，确定网站的访问对象、网站应提供的内容与服务，设计网站的标志、网站的风格、网站的目录结构等各方面的内容。

2. 电子商务网站的开发与实施

1) 静态网页制作

用Dreamweaver等工具将文字和图片按设计版式完成静态网页的制作。网页制作的第一步就是给所要制作的网页进行结构布局，也就是要确定网页的布局方法。在具体实施网页制作时，应按照"先大后小、先简单后复杂"的原则来进行制作。也就是说在制作网页时，先把大的结构设计好，然后再逐步完善小的结构设计；先设计出简单的内容，然后再设计复杂的内容，以便在出现问题时容易修改。

项目 2　电子商务网站的整体策划

2）网络数据库设计

一个设计与组织良好的数据库，不仅能方便地解决应用层面上的问题，还可以防止一些不可预测的突发事件，从而加快网络应用程序系统的开发速度，提高工作效率。

3）Web 应用程序设计

在静态页面和数据库设计完成基础之上，可进一步完成动态网页的设计实施，这就需要在 Dreamweaver 等平台基础之上完成 Web 应用程序设计（如在完成页面的 HTML 程序后再加入 ASP、JSP、PHP 等代码）。

3．电子商务网站域名注册和空间申请

域名由国际域名管理组织或国内的相关机构统一管理，国内很多网络服务提供商都可以代理域名注册业务；在不能拥有独立服务器的条件下，网站用户需要向网络服务提供商申请服务器使用空间。

4．电子商务网站上传

网站制作完毕，最后还要发布到 Web 服务器上，现在上传的工具有很多，有些网页制作工具（如 Dreamweaver）本身就带有 FTP 功能，利用这些 FTP 工具，可以很方便地把网站发布并存放在服务器中。

5．电子商务网站的推广、管理与维护

要想提高网站的影响，吸引更多的访问者，提高商务效益，就必须对网站进行必要的宣传和推广。网站推广的方法有很多，例如到搜索引擎上注册，与别的网站交换链接，加入广告链接等。电子商务网站的管理和维护主要包括安全管理、性能管理和内容管理三个方面。

电子商务网站的建设过程是一个循环过程，它需要随着需求的变化不断地对网站进行再次规划与设计，进而不断地建设和发布新的内容与服务，持续地维护与管理以保障电子商务网站的正常运行。

任务 2-2　电子商务网站的主页内容布局

任务引出

在规划好"重庆曼宁网上书城"网站栏目后，接下来就要对网站主页的内容布局谋篇了。目前，网页内容布局的方法基本有三种：表格、框架和层，其中表格是最基本、最直接的布局方式。

在本任务中，将用表格方式布局"重庆曼宁网上书城"网站主页。

作品预览

在对"重庆曼宁网上书城"基本栏目进行分析的基础上，利用表格布局方式实现网页布

局。"重庆曼宁网上书城"网站主页的布局效果如图 2-2 所示。

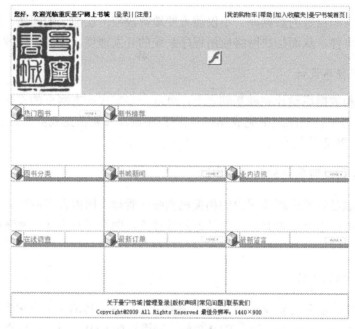

图 2-2　"重庆曼宁网上书城"的主页布局

实践操作

1. 头部文件制作

（1）启动 Dreamweaver 并打开已定义的"重庆曼宁网上书城"动态站点，选择【新建】→【ASP VBScript】命令，新建 ASP 文档，并命名为"head.asp"。

（2）单击【属性】面板上的【页面属性】按钮，在弹出的【页面属性】对话框中选择【链接】选项，完成【链接】选项相应参数的设置，如图 2-3 所示。

（3）选择【标题/编码】选项，完成【标题/编码】选项相应参数的设置，如图 2-4 所示。

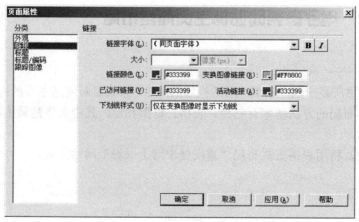

图 2-3　页面链接设置

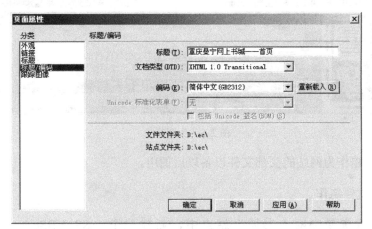

图 2-4 页面标题/编码设置

（4）选择【插入记录】→【表格】命令，在弹出的对话框中设置表格"行数"为"2"、"列数"为"1"、"表格宽度"为"790 像素"，"边框粗细"、"单元格边距"、"单元格间距"均为"0"，如图 2-5 所示。

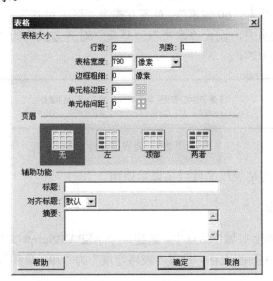

图 2-5 插入表格

（5）参数设置完毕后，单击【确定】按钮，将表格插入页面中；同时，选择所插入表格，在【属性】面板中设置对齐为"居中对齐"，完成表格布局。

（6）将光标置于表格第一行处，设置行高为"35 像素"，背景色为"#F9FAED"；将光标置于表格第二行处，设置行高为"167 像素"，并将该行拆分为两列，设置第一列宽度为"167 像素"。

（7）将光标置于第一个单元格处，插入网站 LOGO 图片"logo.jpg"；将光标置于第二个单元格处，插入网站 flash 宣传片"flash.swf"。

"head.asp"页面文件的最终效果如图 2-6 所示。

电子商务网站开发实务

图2-6 头部文件

（8）保存文档作为网站的头部文件以备以后调用。

2．版权区文件制作

（1）在"重庆曼宁网上书城"站点中，新建一个 ASP VBScript 文件，保存为"copyright.asp"。

（2）插入一个1行1列的表格，设置"表格宽度"为"790像素"，"边框粗细"、"边距"、"间距"均为"0"。

（3）参数设置完毕后，单击【确定】按钮，将表格插入页面中；同时选择所插入表格，在【属性】面板中设置高为"60像素"，对齐方式为"居中对齐"。

（4）将光标置于表格中，设置"水平"、"垂直"对齐方式均为"居中对齐"；同时输入如图2-7所示的版权信息文字。

图2-7 版权区文件

（5）保存文档作为网站版权文件以备以后调用。

3．正文区文件制作

（1）在"重庆曼宁网上书城"站点中，新建一个ASP VBScript 文件，保存为"index.asp"。

（2）插入一个6行3列的表格，设置"表格宽度"为"790像素"，"边框粗细"、"边距"、"间距"均为"0"。

（3）参数设置完毕后，单击【确定】按钮，将表格插入页面中；同时，选中所插入表格，在【属性】面板中设置对齐方式为"居中对齐"，设置第1列宽度为"220像素"，第2列、第3列宽度为"285像素"；设置第1行、第3行、第5行高均为"35像素"，第2行、第4行、第6行高分别为"180像素"、"215像素"、"215像素"，并合并表格第2行中的第2个、3个单元格。

（4）将光标置于表格第1个单元格，插入一个1行2列的表格，设置"表格宽度"为"100%"，"边框粗细"、"边距"、"间距"均为"0"；设置第1个单元格宽度为"32像素"。将第2个单元格拆分为2行，并将第1行拆分为"2列"，在第一个单元格中输入文字"热门图书"，在第二个单元格中插入图片文件"more.gif"，并设置该单元格"水平"对齐方式为"右

对齐","垂直"对齐方式为"底部对齐",高度为"5"、"背景颜色"为"#6699cc";设置第2行高度为"5"、"背景颜色"为"#6699cc",完成"热门图书"内容栏目布局的制作。

(5)按步骤(4)操作方法完成其他内容栏目布局的制作,如图2-8所示。

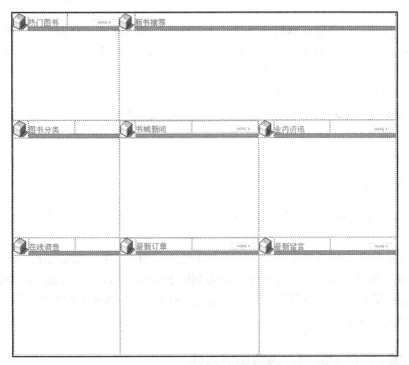

图2-8 主页正文区制作

(6)按下【Ctrl+S】组合键保存"index.asp"页面文档。

4.网站主页文件制作

打开"index.asp"页面的"代码"视图环境,找到标签<body>代码行并按回车键另起一行,然后切换到页面的"设计"视图环境。单击【插入】工具栏中的"SSI 服务器包含"按钮,然后在弹出的【选择文件】窗口中选择"head.asp"文件,如图2-9所示。

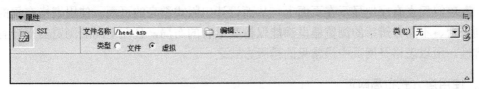

图2-9 嵌入头部文件

对应的 SSI 指令包含代码为:

```
<!--#include virtual="/head.asp" -->
```

按照同样的操作方法,在网页底部嵌入"copyright.asp"文件,同时保存"index.asp"页面文件。

至此,就完成了网站主页的初步布局工作,布局效果如图 2-2 所示。

问题探究 5:服务器包含指令(SSI)用法

在上面,我们提到了服务器包含指令 SSI 的应用,那 SSI 究竟有哪些作用呢?

SSI 是 Server-Side Include 的简写,意为服务器包含。SSI 指令为用户提供在 Web 服务器处理之前将一个文件的内容插入到另一个文件的方法。当服务器检查要处理的 ASP 脚本时,要先找到所有 SSI 并将对应内容输入到脚本中。当服务器处理完 SSI 后,就像处理单个 ASP 脚本一样来处理那些脚本文件。这样就可以将很长的脚本分成许多部分,而且可以最大限度地重用代码。

在 ASP 中使用 SSI 的语法如下:

```
<!--#include virtual | file ="filename"-->
```

virtual 和 file 关键字指示用来包含该文件的路径的类型,filename 是想包含的文件路径和名称。

在使用 SSI 包含文件操作命令时,还需要注意一点的是,由于 head.asp、copyright.asp 文件代码需要嵌入到其他页面文件中使用,还需删除 head.asp、copyright.asp 文件中的<html>、<body>、<title>等标签,以及代码中的"<%@LANGUAGE="VBSCRIPT"%>",否则就会出现标签重复使用等错误。

知识拓展 5:常用的网页内容布局方法

目前,确定网页内容布局的方法主要有表格、框架、层三种方法,这三种布局方法的特点各有不同。

1. 使用表格方式布局网页

表格是网页设计制作时不可缺少的重要元素,表格在网页制作中的作用不只是显示数据,更重要的作用是进行网页的布局定位。表格以简洁明了和高效快捷的方式将数据、文本、图片、表单等元素有序地显示在页面上,从而设计出版式漂亮的页面。使用表格布局的页面在不同平台、不同分辨率的浏览器里都能保持其原有的布局,且在不同的浏览器平台有较好的兼容性,所以表格是网页中最常见的排版方式之一。

2. 使用层方式布局网页

层可理解为浮动在网页上的一个页面,它可以被准确定位在网页中的任何位置,并且其中可包含文本、图像、表单等所有可直接用于文档的元素。

层提供了可精确定位页面元素的方法,页面元素放于图层中。用户可控制对象的上下顺序、显示或隐藏及动画设置。使用图层设计页面布局,可以实现页面元素的精确定位,在图层中可以插入文本、图像、表单等页面元素,可以做出许多令人惊喜的效果。

项目 2 　电子商务网站的整体策划

3．使用框架方式布局网页

框架是网页设计中常用的技术，使用框架能将几个不同的 HTML 文档显示在同一个浏览器窗口中。框架是由框架集和单个框架组成的，框架集定义一组框架的布局和属性，包括框架的数目、大小和位置以及在每个框架中初始显示的页面的 URL。

在制作框架网页时，每一个区域都是独立的 HTML 网页文件，它们有独立的标题、背景、框架条等，但在浏览器浏览网页时，是通过框架集网页来浏览各个网页，每个框架集中的网页又可以通过链接来打开并浏览其他网页。

任务 2-3　CSS 在电子商务网站网页布局中的应用

任务引出

CSS 是 Cascading Style Sheets（级联样式表）的缩写，在页面制作中采用 CSS 技术可有效地对页面的布局、字体、颜色、背景和其他效果实现更精确的控制，同时还可保持网站页面风格的一致性，并且当用户对 CSS 样式进行修改时，文档中应用该样式的文本格式也会自动发生改变。CSS 样式在网页制作中有着非常广泛的应用。

在本任务中，将使用 CSS 样式完善主页的布局。

作品预览

在图 2-2 的基础上，利用 CSS 为相关表格加上"宽度"为"1 像素"的实线边框，如图 2-10 所示。

图 2-10　网页 CSS 布局效果

实践操作

（1）打开"index.asp"文档，选择【文本】→【CSS 样式】→【新建】命令，在弹出的【新建 CSS 规则】对话框中设置"选择器类型"为"类"，然后在"名称"文本框中输入 CSS 规则的名称，如"tall"，如图 2-11 所示。

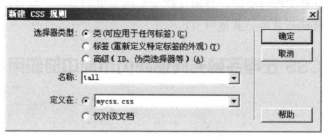

图 2-11 新建 CSS 规则

（2）单击【确定】按钮，在弹出的【.tall 的 CSS 规则定义】对话框中选择"样式"为"实线"、"宽度"为"1 像素"、"颜色"为"#6699CC"，如图 2-12 所示。

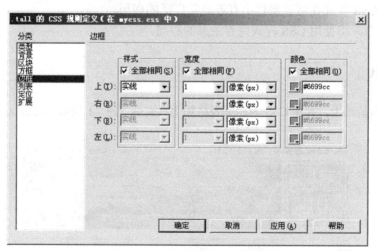

图 2-12 ".tall 的 CSS 规则定义"对话框

（3）选择要应用样式的页面元素，如表格等，在【属性】面板的【类】下拉菜单中选择前面新建的样式"tall"，如图 2-13 所示。

图 2-13 CSS 规则应用

按照同样的操作方法，可以完成所有布局表格的样式定义。

问题探究 6：CSS 滤镜的应用方法

使用 CSS 可以给网页加入许多意想不到的效果，如利用 CSS 可以使图像根据需要实现半透明的效果。下面具体介绍 CSS 在这方面的应用。

（1）选择【文本】→【CSS 样式】→【新建】命令，在弹出的【新建 CSS 规则】对话框中设置"选择器类型"为"类"，然后在"名称"文本框中输入 CSS 规则的名称，如"dark"，如图 2-14 所示。

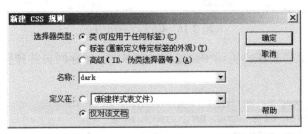

图 2-14　"新建 CSS 规则"对话框

（2）单击【确定】按钮，在弹出的【.dark 的 CSS 规则定义】对话框中，选择【分类】列表框中的【扩展】选项，然后在【过滤器】下拉列表中选择"Alpha(Opacity=?, FinishOpacity=?, Style=?, StartX=?, StartY=?, FinishX=?, FinishY=?)"选项，如图 2-15 所示。

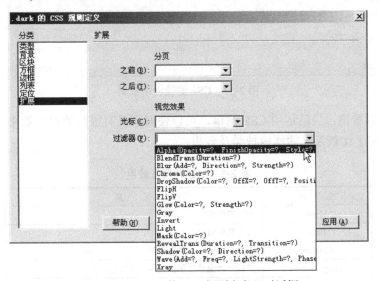

图 2-15　".dark 的 CSS 规则定义"对话框

代码中的"?"是用户需要添加的相应数值，如将参数值补充如下：

Alpha(Opacity=50, FinishOpacity=50, Style=2, StartX=0, StartY=50, FinishX=100, FinishY=100)

（3）设置完成后单击【确定】按钮，返回网页编辑窗口，选择要应用 CSS 滤镜的图像，在【属性】面板的【类】下拉列表中选择"dark"选项，如图 2-16 所示。

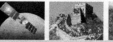

电子商务网站开发实务

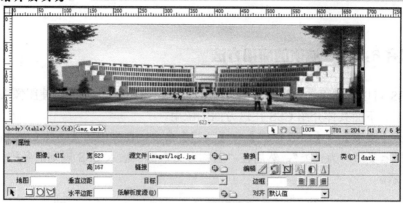

图 2-16　CSS 规则应用

（4）图像透明情况需要在浏览器中浏览时才能实现，保存网页并预览网页效果，如图 2-17 所示。

图 2-17　CSS 滤镜应用效果

从上面可以看出，灵活运用 CSS 滤镜，可以使网页具有很好的视觉效果。
表 2-1 列出了比较常见的滤镜种类及效果。

表 2-1　滤镜种类及效果

滤　　镜	效　　果
Alpha	设置透明度
Blur	建立模糊效果
Chroma	把指定的颜色设置为透明
DropShadow	建立一种偏移的影像轮廓，即投射阴影
FlipH	水平翻转
FlipV	垂直翻转
Glow	为对象的外边界增加光效
Gray	降低图片的彩色度
Invert	将色彩、饱和度以及亮度值完全翻转建立底片效果
Light	在一个对象上进行灯光投影
Mask	为一个对象建立透明膜

项目 2　电子商务网站的整体策划

续表

滤　　镜	效　　果
Shadow	建立一个对象的固体轮廓，即阴影效果
Wave	在 X 轴和 Y 轴方向利用正弦波纹打乱图片
Xray	只显示对象的轮廓

知识拓展 6：CSS 技术的特点

在 CSS 出现之前，虽然 HTML 为网页设计者提供了强大的格式设置功能，但必须为每个需要设置的地方使用格式设置标记，而不能为具有一定逻辑含义的内容设置统一的格式。这对设计和维护一个网页数量众多的网站来说，将增加许多的工作量。此外，每个网页设计者按照自己的喜好设计制作网页，来自不同人员开发的网页作品很难统一在一个网络中。现在，运用 CSS 技术，可以克服 HTML 的这些缺陷，方便地为所有网页设置一种风格。特别地，如果将原来安排在网页文件中的格式化元素和属性提取到网页外部，将这些样式规则定义到一个样式表文件中，则可以为所有需要使用该样式的网页所链接。总之，CSS 是一种格式化网页的标准方式，它对颜色、字体、间隔、定位以及边距等格式方面提供了多种属性，这些属性均可用于 HTML 标记符。应用 CSS 技术设计网页有以下特点。

1．方便网页格式的修改

由于 CSS 对页面格式的控制可以独立地进行，这就使得修改网页元素的格式变得更加容易，网页的更新工作也就大为减轻。

2．便于减小网页体积

为了得到一个较好的浏览效果，设计网页时常常要制作多种图片，以获得想要的字体和布局，但图片用得越多，网页就越臃肿。CSS 的出现，为解决这类问题提供了另一种思路，如利用 CSS 技术取代原先只能用图像表示的艺术字体。由于图像文件的减少，整个网页的体积随之大为减小，这样便可提高网页下载和显示的效率，实际意义十分明显。

3．能使网页元素更准确地定位

CSS 的最大优点之一是它的定位技术。网页设计者往往采用表格或层来定位网页元素，层定位主要应用于复杂且不规则的网页结构。正确使用层定位必须配合 CSS，才能实现最终效果。

4．良好的适应性

许多新的网页设计技术不断产生，但是现在的浏览器不一定百分之百支持这些技术，直接在 HTML 中使用时必须十分谨慎。而在 CSS 中使用则可以避免由于浏览器不支持这些新技术而出现的页面显示混乱的情况。当浏览器不支持这些规则时，系统会自动调用默认方式进行解释并显示。

电子商务网站开发实务

知识梳理与总结

（1）网站栏目策划是制作网站网页的起始点，也是网页制作的关键。

（2）网站网页内容的布局方法主要有三种：表格、框架和层，其中表格是网页内容布局的主要方法，也是最基本、最直接的布局方法。

（3）CSS 是一系列格式设置规则，主要用来控制 Web 网页内容的外观，使用 CSS 可有效保持网站页面风格的一致性。

实训 2 电子商务网站的整体策划

1．实训目的

（1）对同行业进行市场分析；

（2）了解电子商务网站的设计需求；

（3）了解电子商务网站的架设步骤；

（4）了解电子商务网站的推广方式；

（5）掌握电子商务网站策划书的内容格式与书写方法；

（6）熟悉电子商务网站页面内容的三种整体布局方法。

2．实训内容

1）电子商务网站策划书的编写

以小组为单位进行电子商务网站开发策划，每小组人数最多 5 名，每小组设组长一名，负责小组统筹规划。策划小组经过讨论确定网站的主题，结合网络资源查询浏览，按以下内容框架完成网站策划。

（1）搜索资料进行行业市场分析；

（2）设计需求的分析与书写；

（3）技术的可行性分析；

（4）电子商务网站的设计需求；

（5）电子商务网站的设计风格；

（6）电子商务网站的架设步骤；

（7）电子商务网站的推广方式；

（8）人员的分工；

（9）Logo、Banner 及其他各种图片素材的设计、制作、整理；

（10）电子商务网站的总体构成设计；

（11）对该项目费用的合理估价。

在完成以上任务基础上，完成网站策划书，并提交策划报告。

项目2 电子商务网站的整体策划

2）电子商务网站页面内容的整体布局

启动 Dreamweaver,新建一个网页,并实现以下方面的内容训练。

(1) 在文档中插入表格和嵌套表格;
(2) 设置表格基本样式;
(3) 添加表格内容,设置表格属性;
(4) 编辑页面;
(5) 制作层的内容和层属性设置;
(6) 创建框架网页,并使用链接控制框架的显示内容。

项目 3
网络数据库的配置与使用

:::教学导航:::

网络数据库在电子商务动态网站开发中占据着核心的地位，网站欲具备动态交互功能，就得创建并连接网络数据库。在本项目中，将从网络数据库的创建、SQL 结构化查询语言的使用、网络数据库连接的创建、数据记录集的创建等几个方面加以介绍，而这些方面的知识也是每个网络应用程序制作过程中必须要涉及的内容。

项目 3 网络数据库的配置与使用

任务 3-1 创建网络数据库

任务引出

动态网页与静态网页最根本的区别在于，动态网页与后台数据库建立了一定的关联。可以这样说，动态网页就是以网络数据库为基础，通过客户端/服务器端的交互完成特定的行为。网络数据库在动态网页中的核心地位，使得在创建动态网页之前必须先创建数据库。

在本任务中，将完成 Access 网络数据库和数据库表的创建。

作品预览

启动 Microsoft Access 2003，打开"students.mdb"数据库表文件。在弹开的"students.mdb"数据库管理窗口中，打开"stu_info"、"stu_score"数据表。窗口中显示了数据表中的内容，如图 3-1 所示。

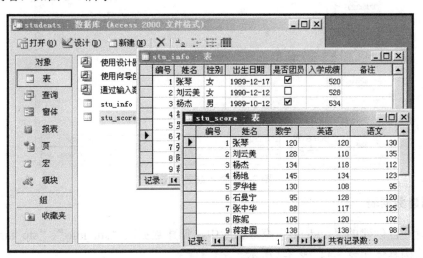

图 3-1 数据库表的内容

实践操作

1．创建数据库

在 Access 中，既可以使用"模板"方法创建数据库，也可以直接创建空数据库。直接创建空数据库的方法如下。

（1）单击工具栏上的【新建】按钮，在弹出的【新建文件】任务窗格中单击【空数据库】，如图 3-2 所示。

图 3-2 新建数据库文件

（2）在弹出的【文件新建数据库】对话框中，指定数据库的名称和位置，然后单击【创建】按钮，完成 Access 数据库的创建，如图 3-3 所示。

图 3-3 命名数据库文件

2．创建数据表

下面就在已创建的"students"空数据库中，创建数据表"stu_info"。"stu_info"数据表的内容及结构具体如表 3-1、表 3-2 所示。

表 3-1 "stu_info"数据表的内容

编号	姓名	性别	出生日期	年龄	团员	入学成绩	备注
1	张琴	女	12/17/89	19	是	520	
2	刘云美	女	12/12/90	18	否	528	
3	杨杰	男	10/12/89	19	是	534	
4	杨地	男	01/21/88	20	否	545	
5	罗华桂	男	11/13/89	19	是	560	
6	石曼宁	女	02/01/89	19	否	555	市级三好学生
7	张中华	男	09/30/88	20	否	535	
8	陈妮	女	06/25/90	18	否	527	
9	蒋建国	男	08/07/89	19	是	538	

项目 3　网络数据库的配置与使用

表 3-2　"stu_info"数据表的结构

字段名称	数据类型	字段长度	说明
ID	长整型	4	自动编号（主键）
Name	文本	10	姓名
Sex	文本	2	性别
Birth	日期/时间	8	出生日期
Age	数字，整型	2	年龄
Member	是/否，布尔	2	是否团员
Entrance	数字，单精度	4	入学成绩
Notes	备注		备注

在 Access 中，创建数据表主要有"使用设计器创建表"、"使用向导创建表"、"使用通过输入数据创建表"等方法，下面使用设计器来创建数据表。

（1）打开空数据库"students.mdb"，进入数据库设计窗口，如图 3-4 所示。

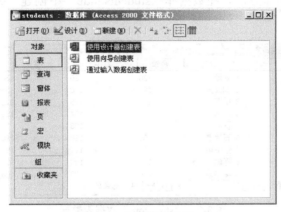

图 3-4　数据库设计窗口

（2）双击【使用设计器创建表】选项，在弹出的表结构定义窗口中定义表的结构，如图 3-5 所示，按照表 3-2 所示内容逐一定义每个字段的名字、类型及长度等参数，并以"stu_info"为名保存数据表。

图 3-5　数据表结构设计

（3）完成数据表结构的定义后，按照表 3-1 所示内容在“stu_info”数据表中输入数据，如图 3-6 所示。输入数据有错时还可以再进行修改。

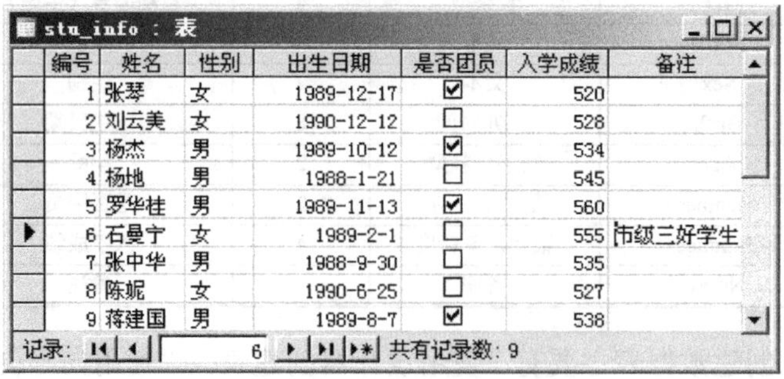

stu_info : 表

编号	姓名	性别	出生日期	是否团员	入学成绩	备注
1	张琴	女	1989-12-17	☑	520	
2	刘云美	女	1990-12-12	☐	528	
3	杨杰	男	1989-10-12	☑	534	
4	杨地	男	1988-1-21	☐	545	
5	罗华桂	男	1989-11-13	☑	560	
6	石曼宁	女	1989-2-1	☐	555	市级三好学生
7	张中华	男	1988-9-30	☐	535	
8	陈妮	女	1990-6-25	☐	527	
9	蒋建国	男	1989-8-7	☑	538	

记录: 6 共有记录数: 9

图 3-6　“stu_info”数据表数据

（4）按照同样的操作方法，在数据库“students.mdb”中创建“stu_score”数据表，如图 3-7 所示。

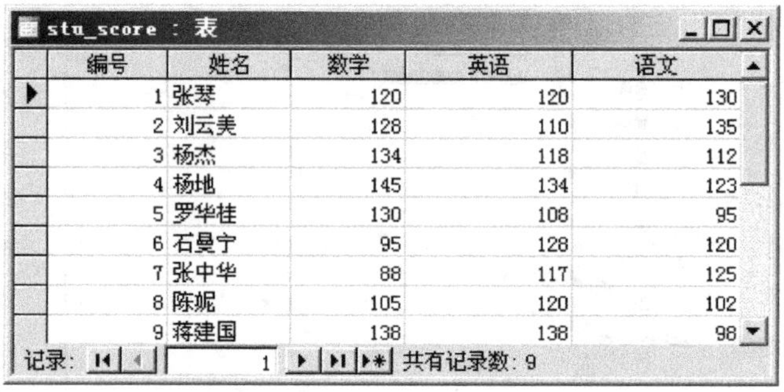

stu_score : 表

编号	姓名	数学	英语	语文
1	张琴	120	120	130
2	刘云美	128	110	135
3	杨杰	134	118	112
4	杨地	145	134	123
5	罗华桂	130	108	95
6	石曼宁	95	128	120
7	张中华	88	117	125
8	陈妮	105	120	102
9	蒋建国	138	138	98

记录: 1 共有记录数: 9

图 3-7　“stu_score”数据表数据

问题探究 7：网络数据库设计的规范化方法

网络数据库设计是网络应用程序开发的关键。创建的数据库如果设计得不够理想，轻则增加网络应用程序开发与维护的难度，重则导致网络应用程序会出现致命性错误。因此，在设计网络数据库的时候，必须要重视数据库的规范化要求，那么网络数据库设计又有哪些规范化要求呢？

1．表信息单一化

对于一个大而复杂的表，首先应分离那些需要作为单个主题而独立保存的信息，然后确定这些主题之间有何联系，以便在需要时把正确的信息组合在一起。通过将不同的信息分散在不同的表中，可以使数据的组织工作和维护工作更简单，同时也容易保证建立的应用程序具有较高的性能。

例如，将有关职工基本情况的数据（如“职称”等）保存到“职工表”中；把工资单的信息保存到“工资表”中，而不是将这些数据统统放到一起。同样道理，应当把学生信息保存到“学生基本信息表”中，把有课程的成绩信息保存到“成绩表”中。

2. 避免在表之间出现重复字段

除了保证表中有反映与其他表之间存在联系的外部关键字之外，尽量避免在表之间出现重复字段。这样做的目的是使数据冗余尽量小，防止在插入、删除和更新时造成数据的不一致。

例如，在"学生基本信息表"中有了"出生日期"字段，在"成绩表"中就不应再有"出生日期"字段。需要时可以通过两个表的连接找到。

3. 表中的字段必须是原始数据和基本数据元素

表中不应该包括通过计算可以得到的"二次数据"或多项数据的组合，能够通过计算从其他字段值推导出来的字段也应尽量避免。

例如，在"学生基本信息表"中应当包括"出生日期"字段，而不应该包括"年龄"字段。当需要查询年龄的时候，可以通过简单计算得到准确年龄。

在特殊情况下可以保留计算字段，但是必须保证数据的同步更新。例如，在"工资表"中出现的"实发工资"字段，其值是通过"基本工资＋奖金＋津贴－房租－水电费－托儿费"计算出来的，每次更改其他字段值的时候，都必须重新计算。

4. 使用有确切含义的字段作为主键字段

为提高效率，每个表都应有一个主键字段（主键）。主键字段定义了在表中的唯一性，并以此作为索引为其他字段使用，以提高搜索性能。

知识拓展 7：常见的网络数据库

1. Oracle

Oracle 公司是全球最大的数据库系统软件供应商，Oracle 大型数据库系统是全面支持 Internet 计算的数据库平台，内置虚拟机，全面支持 Java 开发应用，能够体现 Java 的移植性、易用性、易部署等优点，使 Java 成为 Internet 计算的架构语言。Oracle 在可用性、可伸缩性、安全性、移植性方面有较大的优势，降低了企业开发和部署、应用管理、维护系统的成本。

2. SQL Server

SQL Server 是采用客户机/服务器结构的关系型数据库管理系统，最初由 Microsoft 公司、Sybase 公司等合作开发。高版本的 SQL Server 具有高性能、高可靠性和易扩充性的优点，它由一系列产品组成，不仅能够满足大型企业和政府部门对数据存储和处理的需要，还能为小型企业和个人提供易于使用的数据存储服务，同时也为商业 Web 站点存储和处理数据提供了优秀的解决方案。其主要特点有：与 Internet 无缝集成；可运行于多种操作系统平台；支持分布式数据处理；支持数据仓库功能。

3. IBM DB2

IBM 公司的 DB2 也是优秀的大型数据库软件，是一个具有全部 Web 功能的通用数据库，可以从单一处理扩展到对称多处理和巨型、并行群集系统的关系数据库管理系统,以强大的多媒体能力和支持图像、声音、视频、文本与其他对象为特征。DB2 进一步完善了高级数据库技术,能提供更多的 Web 功能,支持更多的、开放的工业标准,性能和可用性都得到很大的改进;具有支持更多的数据类型、优化 OLAP(联机分析处理)、增强的系统监控功能和较高安全性等特点。

4. Access

Access 是微软公司 Office 套装软件中的一个数据库管理系统。Access 不仅可以用于存储大量数据,而且提供了强大的数据管理功能和友好的用户界面,并且可在其基础上方便地开发各种实用的数据库应用系统。Access 的特点是与微软公司的 Windows 操作系统紧密结合,易于安装和操作使用,系统开销少,并可方便地与 Word、Excel 等软件交换数据。Access 完全可以满足构建小型动态网站数据库系统的需要。

Access 数据库作为微软公司推出的以标准 JET 为引擎的数据库系统,由于具有操作简单、界面友好等特点,具有较大的用户群体。目前,ASP+Access 已成为许多中小型网上应用系统的首选方案。

任务 3-2 网络数据库结构化查询语言(SQL)的使用

任务引出

SQL(Structured Query Language,结构化查询语言)是与数据库进行交互操作的一种标准命令集,SQL 语言作为关系数据库的标准语言,它的功能包括数据定义、数据操纵、数据库控制、事务控制四个方面,但数据库的数据查询功能则是 SQL 语言的核心功能。在 SQL 语言中,查询数据是通过 SELECT 语句实现的。

在网站开发过程中,借助 SQL 命令可轻松实现对数据记录的添加、更新、删除及查询等操作。本任务主要是熟悉 SQL 语言 SELECT 命令的使用方法。

作品预览

启动 Access,打开"students.mdb"数据库文件,进入"SQL 视图"状态,先后执行不同的 SQL 查询命令,可得到不同的查询结果,如图 3-8 所示。

图 3-8 SQL 查询结果

实践操作

1．基本查询

在基本查询模式中，涉及的表只有一个表，而且也不会附带任何条件。基本查询可通过 SELECT…FROM 子句来实现。

【例 3-1】从“stu_info”数据表中查询多个字段，输出的列名顺序依次为：姓名、性别、出生日期、年龄、是否团员、入学成绩。执行的 SQL 命令为：

```
SELECT Name,Sex,Brith,Age,Member,Entrance
FROM Stu_Info
```

SQL 命令的执行结果如图 3-9 所示。

查询1 : 选择查询

姓名	性别	出生日期	年龄	是否团员	入学成绩
张琴	女	1989-12-17	19	☑	520
刘云美	女	1990-12-12	18	☐	528
杨杰	男	1989-10-12	19	☑	534
杨地	男	1988-1-21	20	☐	545
罗华桂	男	1989-11-13	19	☑	560
石曼宁	女	1989-2-1	19	☐	555
张中华	男	1988-9-30	20	☐	535
陈妮	女	1990-6-25	18	☐	527
蒋建国	男	1989-8-7	19	☑	538

记录: 10 共有记录数: 10

图 3-9　例 3-1 的检索结果

2．筛选查询

在筛选查询中，可通过 WHERE 子句限制查询的范围，提高查询效率。使用 WHERE 子句时，必须要跟在 FROM 子句之后。

【例 3-2】在“stu_info”数据表中，检索既是“男”学生又“是团员”的记录。执行的 SQL 命令为：

```
SELECT * FROM Stu_Info
WHERE Sex ="男"and Member
```

SQL 命令的执行结果如图 3-10 所示。

查询1 : 选择查询

编号	姓名	性别	年龄	出生日期	是否团员	入学成绩	备注
3	杨杰	男	19	1989-10-12	☑	534	
5	罗华桂	男	19	1989-11-13	☑	560	
9	蒋建国	男	19	1989-8-7	☑	538	

记录: 1 共有记录数: 3

图 3-10　例 3-2 的检索结果

在本例中，SELECT 后的“*”表示选用所有字段输出。

在本例中，用操作符 AND（表示“逻辑与”）来连接多个查询条件。在多个条件实施连接时，还可用连接符 OR（表示“逻辑或”）。

【例 3-3】在“stu_info”数据表中，查找出入学成绩在 550 到 560 分之间的学生。执行的 SQL 命令为：

```
SELECT  *  FROM Stu_Info
WHERE Entrance between 550 and 560
```

SQL 命令的执行结果如图 3-11 所示。

查询1 ：选择查询

编号	姓名	性别	年龄	出生日期	是否团员	入学成绩	备注
5	罗华桂	男	19	1989-11-13	☑	560	
6	石晏宁	女	19	1989-2-1	☐	555	

记录：3 共有记录数：3

图 3-11　例 3-3 的检索结果

在本例的筛选条件表达式中，用到了范围界定操作符 BETWEEN。当表示不在某范围中时，也可用 NOT BETWEEN 来界定。操作符 BETWEEN 等同于“>=”和“<=”逻辑表达式的效果，操作符 NOT BETWEEN 等同于“>”和“<”逻辑表达式的效果。

3．排序查询

在排序查询中，可通过 ORDER BY 子句查询结果的排序输出。

【例 3-4】在“stu_info”数据表中，对所有学生记录按年龄升序排列输出。执行的 SQL 命令为：

```
SELECT  *  FROM Stu_Info
ORDER BY Age
```

SQL 命令的执行结果如图 3-12 所示。

查询1 ：选择查询

编号	姓名	性别	年龄	出生日期	是否团员	入学成绩	备注
8	陈妮	女	18	1990-6-25	☐	527	
2	刘云美	女	18	1990-12-12	☐	528	
9	蒋建国	男	19	1989-8-7	☑	538	
6	石晏宁	女	19	1989-2-1	☐	555	
5	罗华桂	男	19	1989-11-13	☑	560	
3	杨杰	男	19	1989-10-12	☑	534	
1	张琴	女	19	1989-12-17	☑	520	
7	张中华	男	20	1988-9-30	☐	535	
4	杨地	男	20	1988-1-21	☐	545	

记录：10 共有记录数：10

图 3-12　例 3-4 的检索结果

在本例中，使用了 ORDER BY 子句的默认升序来实现查询结果的升序输出。

4．带库函数查询

在 SELECT—SQL 语句中，可以使用 SQL 语言所提供的一些库函数，以增强查询功能。

【例 3-5】 在"stu_info"数据表中,统计并输出入学成绩最高分、入学成绩最低分、平均年龄、本班总人数。执行的 SQL 命令为:

SELECT MAX(Entrance) AS 成绩最高分,MIN(Entrance) AS 成绩最低分,AVG(Age)AS 平均年龄,COUNT(*) AS 本班总人数
FROM Stu_Info

SQL 命令的执行结果如图 3-13 所示。

图 3-13 例 3-5 的检索结果

在本例中,使用了 SQL 语言所提供的五个库函数,库函数经常结合分组子句使用。

5. 分组查询

在实际应用中,经常需要将查询结果进行分组,然后再对每个分组进行统计,SQL 语言提供了 GROUP BY 子句和 HAVING 子句来实现分组统计。利用 SQL 语言的 GROUP BY 子句和 HAVING 子句,可将检索得到的数据依据某个字段的值划分为多个组后输出。

【例 3-6】 在"stu_info"数据表中,统计男女人数。执行的 SQL 命令为:

SELECT Sex,COUNT(*)AS 人数
FROM Stu_Info
GROUP BY Sex

SQL 命令的执行结果如图 3-14 所示。

图 3-14 例 3-6 的检索结果

从上面可以看出,当含有 GROUP BY 子句时,HAVING 子句可作记录的限制条件;而当无 GROUP BY 子句时,HAVING 子句作用就相当于 WHERE 子句。

6. 嵌套查询

前面所提到的都是单层查询,但在实际生活中,经常要用到嵌套查询。在 SQL 语言中,WHERE 子句中常包含另外一个 SELECT 查询命令实现嵌套查询。

【例 3-7】 查询并显示所有"入学成绩>=530"学生的语文、英语、数学成绩情况。执行的 SQL 命令为:

SELECT * FROM Stu_score
WHERE ID IN (SELECT ID FROM Stu_Info WHERE Entrance>=530)

SQL 命令的执行结果如图 3-15 所示。

查询1 : 选择查询

编号	姓名	性别	年龄	数学	英语	语文
3	杨杰	男	19	134	118	112
4	杨地	男	20	145	134	123
5	罗华桂	男	19	130	108	95
6	石曼宁	女	19	95	128	120
7	张中华	男	20	88	117	125
9	蒋建国	男	19	138	138	98

记录: 7 共有记录数: 7

图 3-15 例 3-7 的检索结果

在此用到了 IN 运算符。可见，利用嵌套查询也可实现多表查询。

7. 多表查询

实现来自多个数据表的查询时，如果要引用不同数据表中的同名字段，需在字段名前加关系名，即用“关系名.属性名”的形式表示，以便区分。

【例 3-8】统计数学成绩在 120 分以上的学生，并列出其学生姓名、入学成绩、英语成绩。执行的 SQL 命令为：

```
SELECT Stu_Info.Name,Stu_Info.Entrance,Stu_score.English
FROM Stu_Info, Stu_score
WHERE Stu_Info.ID=Stu_score.ID AND Stu_score.Maths>=120
```

SQL 命令的执行结果如图 3-16 所示。

查询1 : 选择查询

姓名	入学成绩	英语
张琴	520	120
刘云美	528	110
杨杰	534	118
杨地	545	134
罗华桂	560	108
蒋建国	538	138

记录: 1 共有记录数: 6

图 3-16 例 3-8 的检索结果

问题探究 8：SELECT 语句的使用

从上面我们可以看出，利用 SQL 语句可实现对数据库表多方面的查询，下面我们就对 SELECT 语句的用法进行更深入的介绍。

常见的 SELECT 语句语法形式为：

```
SELECT  [All|DISTINCT][TOP<数值表达式>]
    <Select 表达式>[AS <列名>][,<Select 表达式>[AS <列名>… ]]
FROM <表名>
            [WHERE <逻辑条件>]
            [GROUP BY <组表达式 1>[,<组表达式 2… >]]
```

[HAVING <筛选条件>]
[ORDER BY <关键字表达式> [ASC|DESC]]

说明：

（1）SELECT 子句指定要包含在查询结果中的列：

① ALL 选项用于显示包括重复值在内的列的所有值；DISTINCT 选项用于消除重复的行；默认的选项是 ALL；TOP<数值表达式>用于指定输出的记录数；

② <Select 表达式>既可为字段名，也可为函数（含自定义函数和系统函数），表 3-3 列出了常用到的函数。

表 3-3 查询计算函数的格式及功能

函数格式	函数功能
COUNT(*)	计算记录个数
SUM(字段名)	求字段名所指定字段值的总和
AVG(字段名)	求字段名所指定字段的平均值
MAX(字段名)	求字段名所指定字段的最大值
MIN(字段名)	求字段名所指定字段的最小值

③ 如果指定查询结果要显示多个字段，字段之间用逗号隔开；如果要显示表中所有字段，可用"*"表示；如果所选的字段来自不同的表，则字段名前应加表名前缀；

④ <AS 列名>指定查询结果中列的标题。

（2）FROM 子句跟着一个或多个表名，表明从这些表中来查找数据，多表名之间要用逗号隔开；FROM 子句与 SELECT 子句要同时使用。

（3）WHERE 子句用于限制记录的选择。在 WHERE 子句中可以有一个或多个条件，它们之间用 AND 和 OR 连接。表 3-4 列出了在实现限制查询时常用到的运算符。

表 3-4 查询条件中常用的运算符

运算符	实例
=、>、<、>=、<=、<>	英语>90
NOT、AND、OR	英语<80 AND 英语>70
LIKE	性别 LIKE "男"
BETWEEN AND	英语 BETWEEN 70 AND 90
IS NULL	英语 IS NULL

（4）GROUP BY 子句用于对数据分组输出，HAVING 子句跟随 GROUP BY 子句使用，限定分组必须满足的筛选条件。

（5）ORDER BY 子句用来使数据排序后输出。在 ORDER BY 子句中，可以指定一个或多个字段作为排序键；ASC 表示为升序，DESC 表示为降序，ORDER BY 子句默认的设置是升序。

SELECT 命令用于查询时所选的子句很多，但其基本形式可简化为 SELECT—FROM[WHERE]结构。如果能灵活配上 GROUP BY、ORDER BY、HAVING 等子句，将能实现用途广泛的各种查询，并将结果输出到不同的目标。

电子商务网站开发实务

知识拓展 8：结构化查询语言（SQL）的功能

SQL（Structured Query Language，结构化查询语言）语言最早于 1974 年由 Boyce 公司和 Chamberlin 公司提出。SQL 语言具有结构简洁、功能强大、使用灵活、简单易学等优点。目前，SQL 语言不仅为绝大多数商品化关系数据库系统如 Oracle、Sybase、DB2、Informix、SQL Server 等所采用，同时还对数据库以外的领域也产生了很大影响，如现在不少应用软件已将 SQL 语言强大的数据查询功能与图形功能、软件开发工具、人工智能程序等有机结合起来。

SQL 虽被称为"查询语言"，其功能却不仅仅是查询。它的功能包括数据定义、数据操纵、数据库控制、事务控制四个方面，是一个综合、通用、功能强大的关系数据库语言。

（1）数据定义：用于定义和修改数据库对象。如 CREATE TABLE（创建表）、DROP TABLE（删除表）等。

（2）数据操纵：对数据的增加、删除、修改和查询操作。如 SELECT（查询数据）、INSERT（插入数据）、DELETE（删除数据）、UPDATE（修改数据）等。

（3）数据库控制：控制用户对数据库的访问权限，如 GRANT（授予权利）、REVOKE（取消权利）等。

（4）事务控制：控制数据库系统事务的运行，如 COMMIT（事务提交）、ROLLBACK（事务撤销）等。

SQL 具有非常强大的数据库处理功能，但数据库的数据查询功能则是 SQL 语言的核心功能。在 SQL 语言中，查询数据是通过 SELECT 语句实现的。

任务 3-3 创建网络数据库的连接

任务引出

网站站点的建立和网络数据库的连接是创建并制作动态网页的前提条件。只有创建了网络数据库连接，ASP 应用程序才能访问服务器上的数据库，从而实现客户端和服务器端的通信。

在完成动态站点定义后，便可以在 Dreamweaver 中创建网络数据库连接了。在本任务中，将通过 ODBC 驱动程序来连接网络数据库。

作品预览

在完成网络数据库连接后，按下【Ctrl+Shift+F10】组合键，切换到【应用程序】控制面板下的【数据库】选项卡，并依次展开【conn】→【表】，将看到数据表"stu_info"、"stu_score"名称及数据表的字段信息，具体如图 3-17 所示。

项目 3　网络数据库的配置与使用

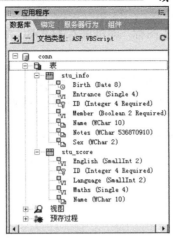

图 3-17　网络数据库成功连接

实践操作

通过 ODBC 连接数据库，主要有使用数据源名称（DSN）进行连接和通过连接字符串连接两种方式。

1．通过 DSN 连接数据库

DSN（Data Source Name，数据源名称）是应用程序和数据库连接的信息集合，在连接中用 DSN 来代表用户名、服务器名、所连接的数据库名等。使用 DSN 连接数据库的工作主要分为创建 DSN 连接、通过 DSN 来创建数据库连接两个过程。

1）创建 DSN 连接

创建 DSN 连接的具体步骤如下。

（1）在 Windows XP 环境下，依次选择【开始】→【控制面板】→【性能和维护】→【管理工具】命令，打开【管理工具】对话框，如图 3-18 所示。

图 3-18　"管理工具"对话框

49

（2）双击【数据源（ODBC）】图标，即可进入【ODBC 数据源管理器】对话框，如图 3-19 所示。

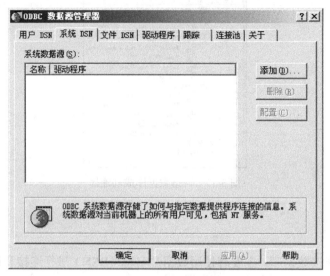

图 3-19 "ODBC 数据源管理器"对话框

（3）选择【系统 DSN】选项卡，单击【添加】按钮，在弹出的【创建新数据源】对话框中选择【Driver do Microsoft Access（*.mdb）】选项，然后单击【完成】按钮，如图 3-20 所示。

图 3-20 "创建新数据源"对话框

（4）单击【完成】按钮，在弹出的【ODBC Microsoft Access 安装】对话框中，单击【选择】按钮，在打开的【选择数据库】对话框中定位到数据库文件的存放位置，选择已存在的数据库文件，如图 3-21 所示。

（5）单击【确定】按钮，返回【ODBC Microsoft Access 安装】对话框，在【数据源名】文本框中输入数据源名，如图 3-22 所示。

项目3 网络数据库的配置与使用

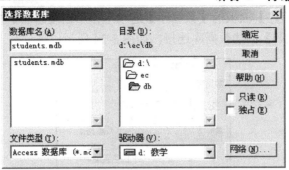

图 3-21 "选择数据库"对话框

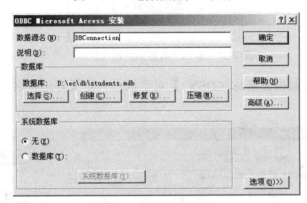

图 3-22 数据源名定义

（6）单击【确定】按钮，返回到【ODBC 数据源管理器】对话框，在【系统 DSN】选项卡的【系统数据源】列表框中可发现已成功创建了一个系统 DSN 连接，如图 3-23 所示。

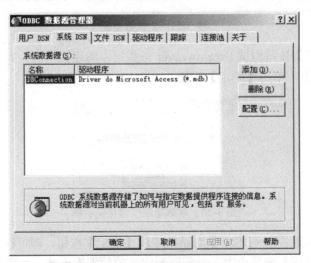

图 3-23 完成 DSN 连接创建

2）通过 DSN 来创建数据库连接

通过 DSN 来创建数据库连接，具体步骤如下。

（1）在 Dreamweaver 中定义动态站点，并创建一个 ASP 文件。

（2）打开【应用程序】面板的【数据库】选项卡，单击【添加】按钮，在下拉列表中选择【数据源名称（DSN）】创建数据库连接，如图 3-24 所示。

图 3-24　添加"数据源名称（DSN）"

（3）在弹出的【数据源名称（DSN）】对话框中，定义好连接名称和数据源名称，如图 3-25 所示。

图 3-25　定义数据源

（4）单击【测试】按钮测试 Dreamweaver 与数据库的连接情况，如果连接成功则会出现图 3-26 所示的提示框，单击【确定】按钮。

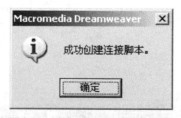

图 3-26　数据库连接成功提示框

（5）单击【数据源名称（DSN）】对话框中的【确定】按钮，即可在 Dreamweaver【应用程序】面板的【数据库】选项卡中，看到刚新定义的数据库连接，如图 3-27 所示。

2．使用连接字符串连接数据库

通过连接字符串来创建数据库连接，具体步骤如下。

（1）在 Dreamweaver 已定义的动态站点中，创建一个 ASP 文件。

项目 3　网络数据库的配置与使用

图 3-27　完成数据库连接

（2）打开【应用程序】面板的【数据库】选项卡，单击【添加】按钮，在下拉列表中选择【自定义连接字符串】创建数据库连接，如图 3-28 所示。

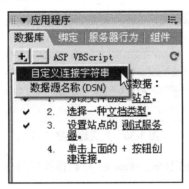

图 3-28　添加"自定义连接字符串"

（3）在弹出的【自定义连接字符串】对话框中设置连接字符串，如图 3-29 所示。

图 3-29　"自定义连接字符串"对话框

在【连接字符串】文本框中设置连接字符串，在 Microsoft Access 数据库中连接字符串分为 ODBC 和 OLE DB 两种连接方式，其具体格式如下。

ODBC 方式：

Driver={Microsoft Access Driver (*.mdb)};DBQ=d:/ec/db/students.mdb

OLE DB 方式：

provider=Microsoft.jet.oledb.4.0;data source=d:/ec/db/students.mdb

53

电子商务网站开发实务

在以上两种连接方式中,数据库的存放路径都是使用静态绝对路径。但将网页上传到服务器上时,通常不知道数据库的物理路径,只能够知道其相对于网站根目录的虚拟路径,如"/db/ students.mdb",这时就需要使用 Server.MapPath()将虚拟路径转换为物理路径。其具体格式如下。

ODBC 方式:

"Driver={Microsoft Access Driver (*.mdb)};DBQ="&Server.MapPath("/db/students.mdb")

OLE DB 方式:

"provider=Microsoft.jet.oledb.4.0;data source="&Server.MapPath("/db/students.mdb")

我们可以选择以上任意一种自定义字符串格式,并选择【使用测试服务器上的驱动程序】选项,如图 3-30 所示。

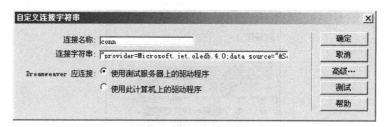

图 3-30　定义连接字符串

(4)单击【测试】按钮测试 Dreamweaver 与数据库的连接情况,如果连接成功,则会出现图 3-26 所示的提示框。

(5)单击【自定义连接字符串】对话框中的【确定】按钮,即可在 Dreamweaver【应用程序】面板的【数据库】选项卡中看到一个名为"conn"的数据库连接,如图 3-31 所示。

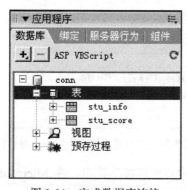

图 3-31　完成数据库连接

问题探究 9:两种网络数据库连接方式的比较

上面介绍了 DSN 数据库连接和自定义字符串数据库连接两种方式。采用 DSN 数据源进行连接需要在 Web 服务器上创建数据源,对于一般用户来说都不可能对服务器进行操作,而使用自定义字符串连接数据库的方法就可以成功避免这一点;与 DSN 数据源不同,自定义字符串是一个包含了很多参数的字符串，其间用分号分割，这些参数包含了 Web 应用程序在服务器上连接数据库所需的全部信息。

知识拓展 9：ODBC 技术

ODBC（Open Databas Connectivity，开放式数据库互连）是微软公司倡导的数据库服务器连接标准，它向访问 Web 数据库的应用程序提供一种通用的接口。在其支持下，一个应用程序可以通过一组通用的代码实现对各种不同数据库管理系统的访问。通过 ODBC 访问数据库的方式是基于 SQL 语言的，各种应用程序透过不同的 ODBC 驱动程序，可以实现利用 SQL 语句对不同数据库系统进行访问。在以传统方式开发数据库应用程序时，需要针对不同的数据库管理系统使用不同的开发工具来开发各自的应用程序，而采用 ODBC 最大的好处是应用程序可以采用任何一种支持 ODBC 的工具软件独立开发，不受所访问的数据库管理系统的约束。对于各种支持 ODBC 接口的数据库管理系统，每一个应用程序只需要编写一组代码，即可通过不同 ODBC 驱动程序访问对应的不同数据库。如图 3-32 所示。

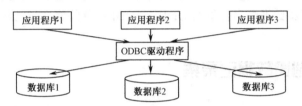

图 3-32　通过 ODBC 访问数据库的方法

ODBC 作为一个工业标准，绝大多数的数据库厂商、应用软件及工具软件厂商都为自己产品提供了 ODBC 接口或提供 ODBC 支持，如 SQL Server、Access、FoxPro、Oracle 等，因此编程人员在开发过程中不需要去了解不同厂商的数据库产品的差异，而只需要专注于应用程序本身功能的开发即可，这大大简化了开发过程。

一个完整的 ODBC 由下列几个部件组成。

（1）应用程序：处理和调用 ODBC 数据源以提供 SQL 语句和检索结果，如 ASP 应用程序；

（2）ODBC 管理器：管理安装的 ODBC 驱动程序和管理数据源；

（3）驱动程序管理器：管理 ODBC 驱动程序，是 ODBC 中最重要的部件；

（4）ODBC API：即 ODBC 应用程序接口，为程序访问数据库提供接口；

（5）ODBC 驱动程序：提供 ODBC 和数据库之间的接口；

（6）数据源：它包含了数据库位置和数据库类型等信息，实际上它是数据连接的抽象描述。

ODBC 各部件之间的关系如图 3-33 所示。

每种数据库引擎都需要向 ODBC 驱动程序管理器注册它自己的 ODBC 驱动程序，这种驱动程序对于不同的数据库引擎是不同的。ODBC 驱动程序管理器能将与 ODBC 兼容的 SQL 请求，从应用程序传给这种独一无二的驱动程序，随后由驱动程序把对数据库的操作请求，翻译成相应数据库引擎所提供的固有调用，再对数据库实现访问操作。

电子商务网站开发实务

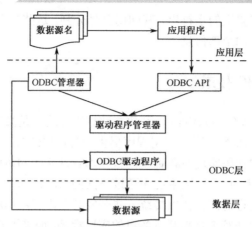

图 3-33 ODBC 各部件之间的关系

应用程序要访问一个数据库,必须用 ODBC 管理器注册一个数据源,管理器根据数据源提供的数据库位置、数据库类型及 ODBC 驱动程序等信息,建立 ODBC 与具体数据的联系。这样,只要应用程序将数据源名提供给 ODBC,ODBC 就能建立起与相应数据库的连接。

任务 3-4 创建数据记录集

任务引出

在动态网页中,数据是通过记录集这一中间媒介来实现数据在网页上的绑定的,而不是直接使用数据库。记录集在存储内容的数据库和生成页面的应用程序服务器之间起一种桥梁作用。因此,数据库连接成功后,若想要数据库作为动态网页的数据源,必须首先创建一个存储检索数据的记录集。

在本任务中,我们将为站点页面创建数据记录集。

作品预览

在完成网络数据库连接后,按下【Ctrl +F10】组合键,切换到【应用程序】控制面板的【绑定】选项卡,并依次展开记录集"Rec_stu",将看到记录集"Rec_stu"名称及数据字段信息,如图 3-34 所示。

实践操作

1. 创建简单记录集

(1)数据库连接成功后,选择【应用程序】面板的【绑定】选项卡,单击【添加】按钮,在弹出的菜单中选择【记录集(查询)】命令,如图 3-35 所示。

项目3 网络数据库的配置与使用

图 3-34 完成记录集定义

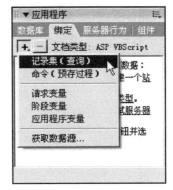

图 3-35 创建记录集（查询）

（2）在弹出的【记录集】对话框中，在【名称】文本框中定义记录集的名称，如"Rec_stu"；在【连接】下拉列表框中选择数据库连接，如"conn"，如果未创建数据库连接，可单击【定义】按钮创建数据库连接；在【表格】下拉列表框中选择连接数据库中的数据表，如"stu_info"；在【排序】下拉列表框中选择要排序的字段，如"Entrance"，并选择排序方法，如"降序"，具体设置如图 3-36 所示。

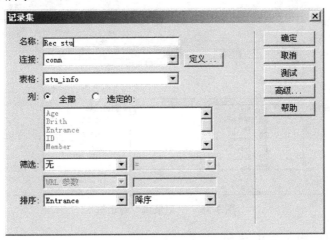

图 3-36 定义记录集

（3）记录集设置完成后，可单击【测试】按钮检验连接情况，如成功连接将会弹出【测试 SQL 指令】对话框，在对话框中可以查看使用该设置所产生的记录集的数据，如图 3-37 所示，单击【确定】按钮。

（4）返回【记录集】对话框，单击【确定】按钮完成记录集创建过程，返回【绑定】选项卡即可查看到已创建的记录集，如图 3-34 所示。

2．创建高级记录集

（1）在图 3-36 所示的【记录集】对话框中，单击【高级】按钮，弹出如图 3-38 所示的【记录集】对话框。

57

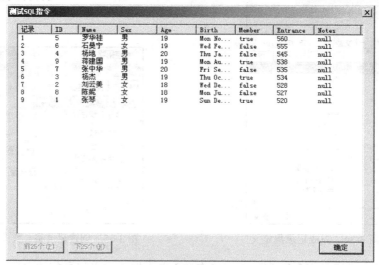

图 3-37 测试记录集

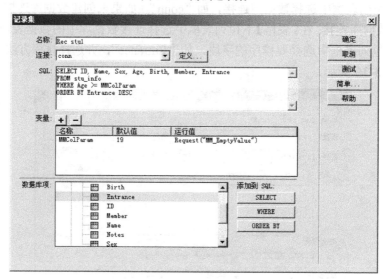

图 3-38 "记录集"对话框

在 SQL 列表框中输入 SQL 语句：

> SELECT ID, Name, Sex, Age, Birth, Member, Entrance
> FROM stu_info
> WHERE Age >= MMColParam
> ORDER BY Entrance DESC

用户也可以使用【数据库项】对象树输入 SQL 语句，选中表格中的某个字段，然后单击对象树右边的【SELECT】、【WHERE】、【ORDER BY】3 个按钮之一将其增加到 SQL 语句中。

如果在 SQL 语句中使用了变量，也可在【变量】列表框中定义变量的名称及默认值等。

（2）完成记录集设置后，可单击【测试】按钮查看所产生的记录集数据，如图 3-39 所示，单击【确定】按钮。

项目 3　网络数据库的配置与使用

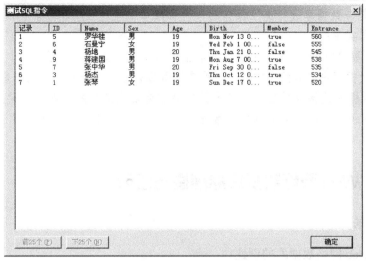

图 3-39　测试记录集

（3）返回【记录集】对话框，单击【确定】按钮完成记录集创建过程，返回【绑定】选项卡即可以查看到已创建的记录集。

记录集绑定成功后，就可以开始制作动态页面。

问题探究 10：简单记录集与高级记录集的区别

简单记录集的创建非常简单，可直接借用 Dreamweaver 附带的 SQL 创建器创建，不需要编写或修改 SQL 语句就可创建简单查询。但简单记录集只能对数据库中一个表的数据进行查询，并且只能设置一个查询条件。因此有时不能满足需要，这时就可以通过 SQL 语句来创建高级记录集。

知识拓展 10：记录集

严格意义上讲，记录集是根据查询关键字进行数据库检索得到的数据库记录的集合，它可以包括完整的数据库表，也可以包括表的行和列的子集，这些行和列通过在记录集中定义的数据库查询进行检索。记录集由数据库查询返回的数据组成，并且临时存储在应用程序服务器的内存中，以便进行快速数据检索。当服务器不再需要记录集时，就会将其丢弃。

记录集是通过数据库查询来定义的，而数据库查询是用结构化查询语言（SQL）编写的。在 Dreamweaver 中，根据 SQL 查询设计的难易程度，创建的记录集有简单记录集和高级记录集两种。

知识梳理与总结

（1）网络数据库在电子商务动态网站建设中具有核心地位，在创建动态网页前必须要先创建网络数据库表。

电子商务网站开发实务

(2) SQL 是与数据库进行交互操作的一种标准命令集。在 SQL 语言中,查询数据是通过 SELECT 语句实现的。

(3) 如果想要 ASP 应用程序访问服务器上的数据库,就必须要创建一个数据库连接。通过 ODBC 连接数据库主要有两种方式:一种是使用 DSN;另外一种是使用自定义连接字符串。

(4) 网络数据库连接成功后,若想要数据库作为动态网页的数据源,则必须首先要定义一个记录集,用于存储要检索的数据。数据记录集的创建方法可分简单数据记录集和高级数据记录集两种。

实训 3 Web 网络数据库的创建与使用

1. 实训目的

(1) 掌握 Web 网络数据库的创建;
(2) 掌握 SQL 查询语句的灵活运用;
(3) 熟悉网站与 Web 网络数据库的连接。

2. 实训内容

1) 数据库的创建及 SQL 查询语句的应用

创建数据库"workers.mdb"("单位员工"数据库),同时创建数据表"workers_info"("职工情况"表,至少有编号、姓名、性别、政治面貌、部门、职务、籍贯、联系电话、家庭住址等字段),数据表"workers_wage"("职工工资"表,至少有编号、姓名、部门、基本工资、津贴、奖金、应发工资、房租、水电气、住房公积金、实发工资等字段),输入相关的员工数据,试完成以下操作。

(1) 使用 SQL 命令检索"职工情况"表中所有"党员"职工的情况;
(2) 使用 SQL 命令检索"职工工资"表中"基本工资"项在 1500 元以上的职工名单;
(3) 使用 SQL 命令检索"职工工资"表中"津贴"和"基本工资"项均在 1000 元以上的职工名单;
(4) 使用 SQL 命令检索"职工情况"表、"职工工资"表中"津贴"和"基本工资"项均在 1000 元以上的"党员"职工名单;
(5) 使用 SQL 命令检索各部门的汇总工资;
(6) 使用 SQL 命令检索本单位所有"张"姓员工的情况。

2) 网络数据库连接的创建

在 Dreamweaver 中定义动态站点,并创建一个 ASP 页面文件,试完成以下操作。
(1) 使用 DSN 连接数据库"workers.mdb";
(2) 使用自定义字符串连接数据库"workers.mdb"。

项目 4
开发电子商务网站前台用户系统

教学导航

　　电子商务网站前台用户系统主要为用户提供商品和资讯信息。在本项目中,以"重庆曼宁网上书城"前台用户系统的开发为实例,将系统介绍新闻列表主页面、热门图书浏览页面、分类浏览页面、详细浏览页面、图书查询等制作方法。

电子商务网站开发实务

任务 4-1　制作新闻列表主页面

任务引出

电子商务网站首页一般都以新闻标题罗列的方式展示公司的最新动态及相关资讯信息，浏览者可通过单击标题超级链接进入到新闻资讯详细浏览页面。

在本任务中，将完成"重庆曼宁网上书城"新闻资讯列表主页面的制作。

作品预览

打开并运行站点主页页面文件"index.asp"，注意观察"书城新闻"栏目和"业内资讯"栏目。可以看到，这两个栏目显示了最新的 10 条新闻（资讯）的标题及发布日期，而且如果新闻（资讯）标题内容过长的话，则超出部分将省略。具体网页的预览效果如图 4-1 所示。

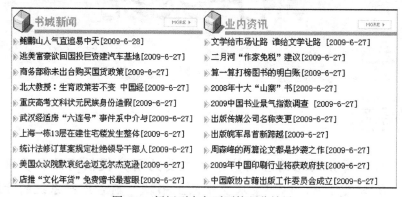

图 4-1　新闻列表主页面的预览效果

实践操作

1．设计数据库表

启动 Access，新建一个名为"edunet.mdb"的数据库，然后在数据库中创建数据表"article"。

"article"表由"ID"、"N_title"、"N_content"、"N_laiyuan"、"N_time"、"N_hits"、"N_type"、"N_author"、"N_navigate"、"N_summary"、"N_num"、"N_page"、"N_price" 13 个字段构成，其属性和说明具体参见表 4-1。

表 4-1　"article"数据表的属性

字段名称	数据类型	备注说明
ID	自动编号	新闻编号，主键
N_title	文本	新闻标题（图书书名）

续表

字段名称	数据类型	备注说明
N_content	OLE 对象	新闻内容（图书封面）
N_laiyuan	文本	新闻来源（图书出版社）
N_hits	数字	新闻点击数（图书浏览次数）
N_type	文本	新闻类型（图书分类）
N_author	文本	新闻作者（图书作者）
N_navigate	文本	新闻分类导航（图书分类）
N_time	日期/时间	新闻发布时间（图书发布时间）
N_price	数字	图书价格
N_summary	文本	图书简要内容
N_num	文本	图书书号
N_page	数字	图书页数

为了记录用户新闻发布的具体时间，在"N_time"字段的"默认值"框中输入"Now()"，用于获取当前新闻（图书）发布时间。

2．建立站点数据库连接

在 Dreamweaver 环境下，打开"重庆曼宁网上书城"动态站点文件"index.asp"，选择【应用程序】→【数据库】→【自定义连接字符串】命令，在打开的【自定义连接字符串】对话框中，定义好数据库连接名称和连接字符串，如图 4-2 所示。

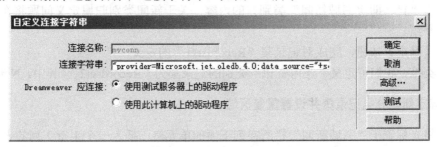

图 4-2 设置数据库连接

数据库连接字符串为：

"provider=Microsoft.jet.oledb.4.0;data source="&Server.MapPath("/db/ edunet.mdb")

注意：

在后面的章节中根据需要还要为数据库"edunet.mdb"定义大量的数据库表，但这并不影响站点数据库连接的成功连接，因此在后面的章节中我们将不再为站点建立数据库连接。

3．创建分类新闻记录集

在【应用程序】面板中，选择【绑定】→【添加】→【记录集（查询）】命令，在弹出的【记录集】对话框中进行新闻分类记录集定义，具体定义如图 4-3 所示。

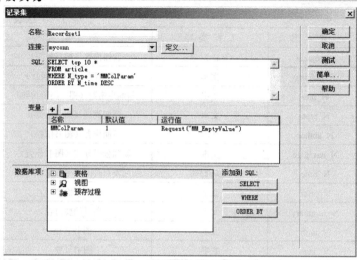

图 4-3 定义记录集

设置 SQL 代码如下：

```
SELECT top 10 *
FROM article
WHERE N_type = '1'
ORDER BY N_time DESC
```

上面的 SQL 代码表示显示新闻类别的前"10"条新闻；N_type='1'，即表示查找新闻类别对应为"1"（即"书城新闻"类别）的内容，关于新闻类别归属定义问题将在任务 5-2 中进一步介绍。

单击【确定】按钮，完成对记录集"Recordset1"的定义。

依次类推，我们可定义"业内资讯"类别的记录集为"Recordset2"（其中，N_type='2'）。

4．绑定新闻分类记录集并设置重复区域

（1）将光标置于"书城新闻"栏所在列下面的单元格，插入一个 1 行 2 列的表格，设置"表格宽度"为"100%"，"边框粗细"、"边距"、"间距"均为"0"；设置该表格第 1 个单元格宽度为"12 像素"，并插入图片文件"left.gif"，如图 4-4 所示。

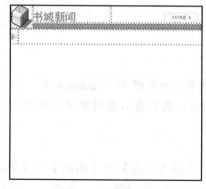

图 4-4 添加表格

项目4　开发电子商务网站前台用户系统

（2）在【应用程序】面板中，选择【应用程序】→【绑定】命令，将动态文本"Recordset1.N_title"绑定到单元格中；依次绑定"Recordset1.N_time"字段，同时选定"Recordset1.N_time"字段输出格式为"常规格式"，如图4-5所示。

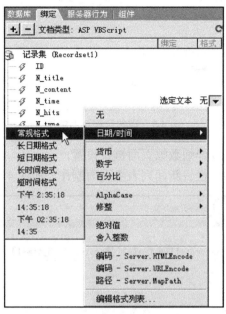

图4-5　定义字段输出格式

（3）选择"书城新闻"栏所在列下面的表格行，单击【服务器行为】→【重复区域】命令，在弹出的【重复区域】对话框中设置好重复记录数为"所有记录"，如图4-6所示。

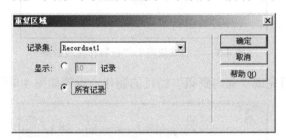

图4-6　设置重复区域

5．创建详细数据页面链接

选择要进行详细链接的内容，如选择"书城新闻"下的动态文本"{Recordset1.N_title}"，选择【应用程序】→【服务器行为】→【转到详细页面】命令，在弹出的【转到详细页面】对话框的【记录集】下拉列表框中选择记录集，如"Recordset1"；在【详细信息页】文本框中输入"eshowdetail.asp"；设置"传递URL参数"的值为"ID"，其他设置保持默认，如图4-7所示。

在图4-7中，详细信息页链接中用到了"eshowdetail.asp"，这是指处理当前页面所传递数据的页面，将在后面制作中完成；"传递URL参数"是指将本页的值用什么参数传递到详细信息页上，下面的"记录集"、"列"进一步告诉选择哪个记录集的哪个字段的值。

65

电子商务网站开发实务

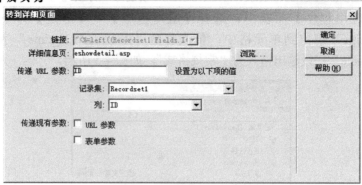

图 4-7 详细数据页面链接

单击【确定】按钮,完成详细数据页面链接设置。

至此,完成"书城新闻"栏目新闻列表主页面制作,如图 4-8 所示。

图 4-8 "书城新闻"栏目制作完成效果

按同样的方法,可完成"业内资讯"栏目的制作,设置如图 4-9 所示。

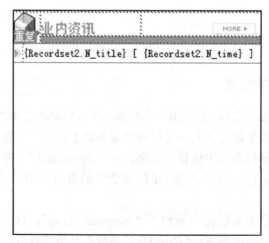

图 4-9 "业内资讯"栏目制作完成效果

这样,就完成了新闻列表主页面的制作,按下【Ctrl+S】组合键保存网页。

问题探究 11:标题文字长度截取方法

上面虽然已完成了新闻主页面的制作,但细心的读者将会发现一个问题,如果当新闻标题过长就会导致文字的溢出,甚至会导致页面的变形。在这种情形之下,我们就需要利用 VBScript 函数来控制新闻标题的输出字符长度,具体做法如下。

首先,在文档设计窗口中选择所插入的数据字段"{Recordset1.N_title}",然后切换到文档的代码视图,找到对应的程序代码:

<%=(Recordset1.Fields.Item("N_title").Value)%>

将该段程序代码修改为:

<%=left((Recordset1.Fields.Item("N_title").Value),16)%>

这样,就将新闻标题的输出字符长度控制在 16 个字符以内,余下部分均被 left()函数截取。

知识拓展 11:ASP 网络编程方法 1——Response 对象

在 Dreamweaver 中制作向客户端输出信息的页面是件轻松的事情,但若利用 ASP 生成动态页面,这就需要借助 Response 对象完成向客户端输出信息。

Response 对象的主要功能是向浏览器输出信息,包括直接发送信息给浏览器,重定向浏览器到另一个 URL 或设置。Response 对象包含有若干集合、方法和属性,不包含事件,其语法格式如下:

Response.collection | property | method

其中,collection 表示 Response 对象的集合,Response 对象只有 Cookies 一个数据集合; property 表示 Response 对象的属性;method 表示 Response 对象的方法,3 个参数只能选择其中一个。

Response 对象只有一个集合——Cookies,它可在用户的浏览器上留下特定记号,以便 Web 站点从中提取相应信息。Cookies 其实是一个标签,当访问一个需要唯一标识用户网址的 Web 站点时,它会在用户的硬盘上留下一个标记,下一次用户访问同一个站点时,站点的页面会查找这个标记。Cookies 默认在整个站点的所有页面都可以访问。Response 对象 Cookies 集合的语法格式为:

Response.Cookies(name)[(key)|.attribute]=value

其中,name 是 Cookie 的名称;key 为可选参数,如果定义了 key,则 value 设置任何属性值将属于这个 key;attribute 指定 Cookie 自身的有关信息。

电子商务网站开发实务

具体用法举例如下:

```
<%
Response.cookies("用户")("名字")="石道元"
Response.cookies("用户")("密码")="123"
Response.cookies("用户")("性别")="男"
Response.cookies("用户").expires="2009-12-31 10:22"
%>
```

任务 4-2　制作热门图书浏览页面

任务引出

热门商品显示功能是用户对商品关注行为的一种反馈,它直观显示了当前商品的信息吸引程度,一方面它方便了数据的统计,另一方面则满足了用户的需求。

在本任务中,将完成"重庆曼宁网上书城"热门图书浏览页面内容的制作。

作品预览

打开并运行站点主页面文件"index.asp",注意观察"热门图书"栏目。可以看到,这个栏目由上至下列示了 8 本热门图书的书名。具体网页预览效果如图 4-10 所示。

图 4-10　热门图书列表主页面预览效果

实践操作

1. 创建热门图书记录集

在【应用程序】面板中,选择【绑定】→【添加】→【记录集(查询)】命令,在弹出的【记录集】对话框中进行热门图书显示记录集的定义,具体定义如图 4-11 所示。

项目4 开发电子商务网站前台用户系统

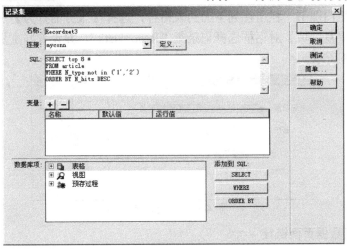

图 4-11 定义热门图书显示记录集

设置 SQL 代码如下：

```
SELECT top 8 *
FROM article
WHERE N_type not in ('1','2')
ORDER BY N_hits DESC
```

上面的 SQL 代码表示显示新闻类别为除"1"、"2"之外的其他类别（即所有图书类资源）前"8"条热门资源；代码段"ORDER BY N_hits DESC"表示按热点降序排序。

单击【确定】按钮，完成对热门图书显示记录集"Recordset3"的定义。

2. 绑定新闻分类记录集并设置重复区域

（1）将光标置于"热门图书"栏所在列下面的单元格，插入一个 1 行 2 列的表格，设置"表格宽度"为"100%"，"边框粗细"、"边距"、"间距"均为"0"；然后设置该表格第 1 个单元格宽度为"6 像素"，并插入"·"。

（2）在【应用程序】面板中，选择【应用程序】→【绑定】命令，将动态文本"Recordset3.N_title"绑定到单元格中，如图 4-12 所示。

图 4-12 绑定动态文本

（3）选择"热门图书"栏所在列下面的表格行，选择【服务器行为】→【重复区域】命令，在弹出的【重复区域】对话框选择记录集"Recordset3"，并设置好重复记录数为"所有记录"，如图4-13所示。

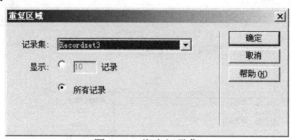

图4-13　绑定记录集

3．创建详细数据页面链接

选择要进行详细链接的内容，如选择"热门图书"下的动态文本"{Recordset3.N_title }"，选择【应用程序】→【服务器行为】→【转到详细页面】命令，在弹出的【转到详细页面】对话框的【记录集】下拉列表框中选择记录集，如"Recordset3"；在【详细信息页】文本框中输入"showdetail.asp"；设置"传递URL参数"的值为"ID"，其他设置保持默认，如图4-14所示。

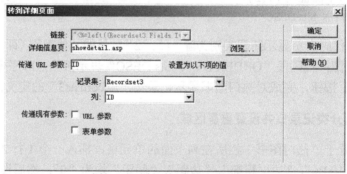

图4-14　详细数据页面链接设置

在图4-14中，详细信息页面链接中用到了"showdetail.asp"，将在后面的制作中完成，其他定义方法同前。

单击【确定】按钮，完成详细数据页面链接设置。

至此，完成"热门图书"栏目的制作，如图4-15所示。

图4-15　"热门图书"栏目制作完成效果

问题探究 12：数据横向显示方法

使用 Dreamweaver 进行程序开发的时候，许多初学者经常会遇到一个数据横向重复的问题，如新闻标题、产品图片的展示效果等，如图 4-16 所示。

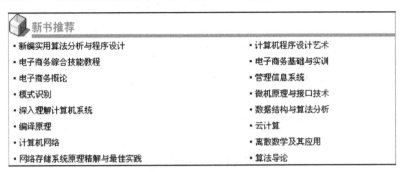

图 4-16　"新书推荐"栏目页面预览效果

但 Dreamweaver 的重复区域只能做垂直的重复，那么如何解决横向重复的问题呢？

下面就用 Dreamweaver 插件的方法来解决"新书推荐"栏目数据横向重复的问题。

（1）选择并双击插件"HLooper"，系统弹出有关插件注意事项的信息对话框，单击【接受】按钮，横向重复插件"HLooper"即安装成功。

（2）重新启动 Dreamweaver，安装成功后即可在【应用程序】面板的【服务器行为】选项卡中看到安装的新插件，如图 4-17 所示。

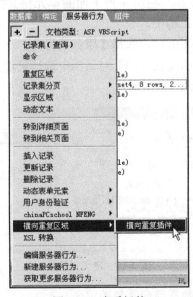

图 4-17　查看插件

（3）在【应用程序】面板中，选择【绑定】→【添加】→【记录集（查询）】命令，在弹出的【记录集】对话框中创建记录集"Recordset4"，具体定义如图 4-18 所示。

电子商务网站开发实务

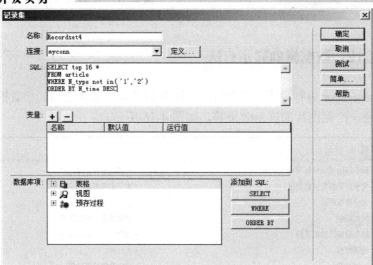

图 4-18 定义记录集

设置 SQL 代码如下：

```
SELECT top 16 *
FROM article
WHERE N_type not in( '1','2')
ORDER BY N_time DESC
```

单击【确定】按钮，完成对记录集"Recordset4"的定义。

（4）将光标置于"新书推荐"栏所在列下面的单元格并插入"·"，同时将动态文本"Recordset4.N_title"绑定到单元格中。

（5）选择"{Recordset4.N_title}"，选择【服务器行为】→【横向重复区域】→【横向重复插件】命令，在弹出的【横向重复插件】对话框中选择记录集"Recordset4"，设置好显示为"8 行 2 列"，如图 4-19 所示。

图 4-19 定义记录集

单击【确定】按钮，完成数据横向重复的定义。

（6）选择"新书推荐"栏所在列下面的动态文本"{Recordset4.N_title}"，选择【应用程序】→【服务器行为】→【转到详细页面】命令，在弹出的【转到详细页面】对话框的【记录集】下拉列表框中选择记录集，如"Recordset4"；在【详细信息页】文本框中输入

"showdetail.asp";设置"传递 URL 参数"的值为"ID",其他设置保持默认,具体设置如图 4-20 所示。

图 4-20 详细数据页面链接

单击【确定】按钮,完成详细数据页面链接设置。

这样,就完成了"新书推荐"栏目内容横向重复显示主页面制作。按下【F12】键预览页面,即可看到数据横向重复的效果,如图 4-16 所示。

知识拓展 12:ASP 网络编程方法 2——Response 对象的 Write 方法

下面来介绍 Response 对象的 Write 方法的应用。

Response 对象的 Write 方法主要用于 Web 服务器向浏览器发送显示内容。其语法格式为:

Response.Write Variant

其中,Variant 参数值可以是 VBScript 支持的任何数据类型,包括字符、字符串、整数等,可以是变量,也可以是数据;Variant 参数值可包括任何有效的 HTML 标记,但不能包括字符组合"%>",否则用"%/>";Response.Write 也可用"="替换,但后者只适用于单句命令。

因此,以下三种表现形式的输出效果都是一样的。

```
<%
MyStr="Hello!"
Response.Write(MyStr)
%>
```

```
<%
Response.Write("Hello!")
%>
```

```
<%
="Hello!"
%>
```

另外,Response.Write 方法的主要功能与 VBScript 的 Document.Write 功能有点类似,需

要注意的是，Document 是浏览器的对象，是客户端直接向浏览器输出，大家可通过下列程序的输出结果了解二者的不同用法。

```
<%@LANGUAGE="VBSCRIPT" %>
<html>
<head>
<title>Write 方法在服务器端和客户端的应用区别</title>
</head>
<body>
下面是使用 response.Write 输出的是服务器端时间：
<% response.Write now()
%><br>
下面是使用 document.Write 输出的是客户端时间：
<script language="VBScript" type="text/VBScript">
document.Write(now())
</script>
</body>
</html>
```

输出结果显示如图 4-21 所示。

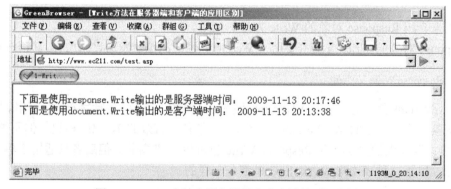

图 4-21　Write 方法在服务器端和客户端的不同应用

从上可看出，使用 Write 方法输出的服务器端和客户端的时间是有所不同的。

任务 4-3　制作分类浏览页面

任务引出

在现实生活中，我们经常将商品（或新闻）分门别类地加以区分，当我们对某类商品（或新闻）感兴趣时，我们直接单击分类导航条链接，页面就会转向隶属于该类商品（或新闻）的页面。

在本任务中，将完成"重庆曼宁网上书城"不同类别图书（新闻）分类浏览页面的制作。

项目4 开发电子商务网站前台用户系统

作品预览

打开并运行站点主页面文件"index.asp",注意观察"图书分类"栏目。可以看到,这个栏目下列示了"科学技术类"、"人文社科类"、"教学辅导类"、"个人理财类"、"生活励志类"、"国外原版类"六大类别图书,具体网页的预览效果如图4-22所示。

图4-22 图书分类主页面的预览效果

单击图4-22中【科学技术类图书】导航按钮,页面将会显示所有"科学技术图书"分类下的图书,具体网页的预览效果如图4-23所示。

图书书名	图书作者	出版社	价格	上架时间
新编实用算法分析与程序设计	王建德	人民邮电出版社	34	2009-6-27 16:25:22
计算机程序设计艺术	克努特	电子工业出版社	23	2009-6-27 16:23:58
电子商务综合技能教程	周江	北京理工大学出版社	22	2009-6-27 16:21:42
电子商务基础与实训	石道元	上海财经大学出版社	28	2009-6-27 16:19:34
电子商务概论	石道元	北京大学出版社	22	2009-6-27 16:17:11
管理信息系统	石道元	电子工业出版社	21	2009-6-27 16:13:39
模式识别	边肇祺	清华大学出版社	45	2009-6-27 16:09:17
微机原理与接口技术	张山	机械工业出版社	67	2009-6-27 16:08:20
深入理解计算机系统	张山	电子工业出版社	55	2009-6-27 16:06:48
数据结构与算法分析	张山	机械工业出版社	50	2009-6-27 16:06:03
编译原理	阿霍	电子工业出版社	50	2009-6-27 16:05:00
云计算	米勒	电子工业出版社	23	2009-6-27 16:03:14
计算机网络	特南鲍姆	机械工业出版社	35	2009-6-27 16:02:20
离散数学及其应用	马林	电子工业出版社	45	2009-6-27 16:01:18
网络存储系统原理精解与最佳实践	张冬	清华大学出版社	23	2009-6-27 15:59:53
算法导论	科曼	电子工业出版社	23	2009-6-27 15:58:39
数据结构(C语言版)	严蔚敏	清华大学出版社	30	2009-6-27 15:57:41
Oracle9i数据库应用技术	张蒲生	水利水电出版社	34	2009-6-27 11:24:09
计算机主板维修实用技术	孙景轩,杨斌	电子工业出版社	22	2009-6-27 10:50:07
计算机操作系统(第三版)	汤小丹	西安电子科技大学出版社	30	2009-6-27 10:48:29
深入理解计算机系统(修订版)	布赖恩特	中国电力出版社	85	2009-6-27 10:46:26
全国计算机等级考试二级教程	教育部考试中心	高等教育出版社	38	2009-6-27 10:40:01
计算机网络知识要点与习题解析	慧强,孙大洋,徐东	哈尔滨工程大学出版社	33	2009-6-27 10:37:57
系统集成项目管理工程师教程	柳纯录	清华大学出版社	55	2009-6-27 10:36:05
计算机组成原理(第2版)(光盘)	唐朔飞	高等教育出版社	38	2009-6-27 10:34:13

下一页 最后一页

图4-23 "科学技术图书"分类浏览页面的预览效果

实践操作

1. 界面设计

新建 ASP VBScript 页面，设计并制作图书分类显示页面，并命名保存为"showall.asp"，效果如图 4-24 所示。

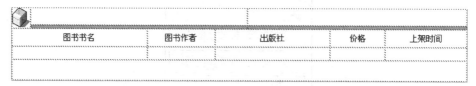

图 4-24 分类页面布局设置

2. 创建图书分类记录集

在【应用程序】面板中，选择【绑定】→【添加】→【记录集】命令，在弹出的【记录集】对话框中完成图书分类记录集定义，如图 4-25 所示。

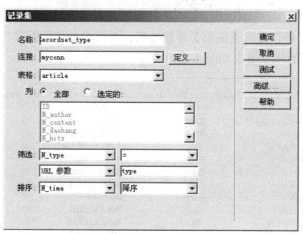

图 4-25 记录集定义

在图 4-25 中，"="下面的值是"URL 参数"的值，这就要求导航链接文件形式应为"showall.asp?type=*"。

单击【确定】按钮，完成对图书分类记录集"Recordset_type"的定义。

3. 绑定记录集并设置重复区域

在"设计"视图环境下，将光标置于相应的单元格，选择【应用程序】→【绑定】命令，将动态文本"{Recordset_type.N_title}"绑定到单元格中；依次绑定"{Recordset_type.N_author}"、"{Recordset_type.N_laiyuan}"、"{Recordset_type.N_price}"、"{Recordset_type.N_time}"字段；将光标置于表格第一行处，将动态文本"{Recordset_type.N_navigate}"绑定到相应的单元格中。

项目 4　开发电子商务网站前台用户系统

选择动态文本"{Recordset_sear.N_title}"所在栏的所有单元格,选择【服务器行为】→【重复区域】命令,在弹出的【重复区域】对话框中设置好重复记录数为"25",如图 4-26 所示。

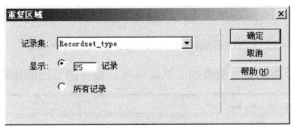

图 4-26　记录集重复区域定义

单击【确定】按钮,完成重复区域设置。

4．定义记录集导航条

将光标置于表中最后一行,选择插入记录集导航条命令,在弹出的【记录集导航条】对话框的【记录集】下拉列表框中选择记录集,如"Recordset_type";在【显示方式】单选按钮中选择【文本】项,如图 4-27 所示。

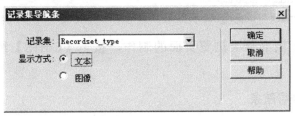

图 4-27　记录集导航条设置

单击【确定】按钮,完成记录集导航条设置。

5．创建详细数据页面链接

选择"{Recordset_type.N_title}",选择【应用程序】→【服务器行为】→【转到详细页面】命令,在弹出的【转到详细页面】对话框的【记录集】下拉列表框中选择记录集,如"Recordset_type";在【详细信息页】文本框中输入"showdetail.asp";设置"传递 URL 参数"的值为"ID",其他设置保持默认,具体设置如图 4-28 所示。

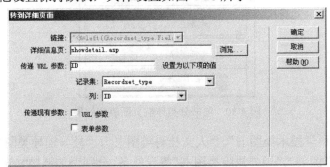

图 4-28　详细数据页面链接设置

单击【确定】按钮,完成详细数据页面链接设置。

6. 为图书分类浏览页面添加标题

切换到文档的"代码"视图环境下,找到<title>、</title>标签,修改标签代码为:

```
<title><%=(Recordset_type.Fields.Item("N_navigate").Value)%></title>
```

这样,就为图书分类浏览页面添加了页面标题。最终的页面制作效果如图4-29所示。

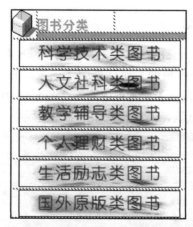

图4-29 图书分类浏览页面制作效果

同前,也可依次嵌入前面制作的头部文件"head.asp"和底部文件"copyright.asp",对应的代码为:

```
<!--#include virtual="/head.asp" -->
<!--#include virtual="/ copyright.asp " -->
```

这样,就完成了图书分类浏览页面的制作,按下【Ctrl+S】组合键保存网页文件"showall.asp"。

7. 创建图书分类导航条

(1)打开网站主页面文件"index.asp",设计并制作图书分类导航条页面,布局效果如图4-30所示。

图4-30 图书分类导航页面制作效果

(2)分别为"科学技术类图书"、"人文社科类图书"、"教学辅导类图书"、"个人理财类图书"、"生活励志类图书"、"国外原版类图书"等导航条,分别添加链接"/showall.asp?type=3"、"/showall.asp?type=4"、"/showall.asp?type=5"、"/showall.asp?type=6"、"/showall.asp?type=7"、

项目4 开发电子商务网站前台用户系统

"/showall.asp?type=8"。

此处的"3"、"4"、"5"、"6"、"7"、"8"分别代表着不同类型图书的分类代码,如"showall.asp?type=3",表示向文件"showall.asp"传递一个变量,其变量名和值分别为"type"和"3",即表示将图书类别值"3"传递给文件"showall.asp"。相应地,在页面文件"showall.asp"中,将会接收"type=3",具体参见图4-25中的记录集定义。

这样,就完成了图书分类导航栏的制作,按下【Ctrl+S】组合键保存网页文件"index.asp"。

问题探究13:制作新闻分类导航页面

上面完成的是图书分类导航浏览页面的制作,那么新闻分类导航又该如何做呢?

实际上,新闻分类导航浏览页面文件"eshowall.asp"的做法与前面基本上是一致的,只是界面设计(如图4-31所示)和链接详细数据页面文件(如图4-32所示)有所不同。

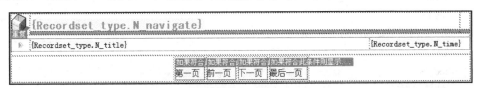

图4-31 新闻分类浏览页面制作效果

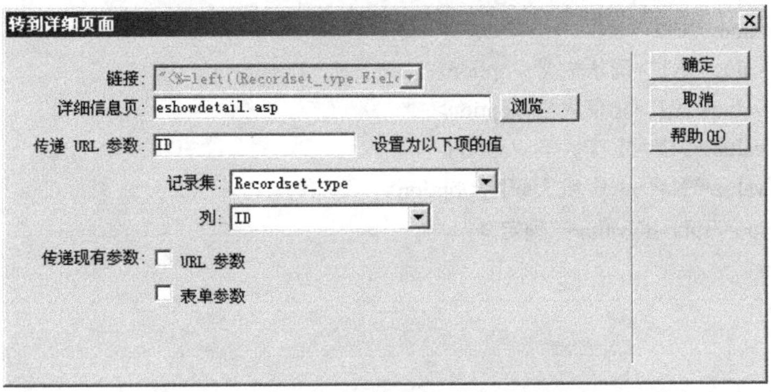

图4-32 新闻分类详细数据页面链接设置

按同样的方法,就可以完成新闻分类页面文件"eshowall.asp"的制作,网页预览效果如图4-33所示。

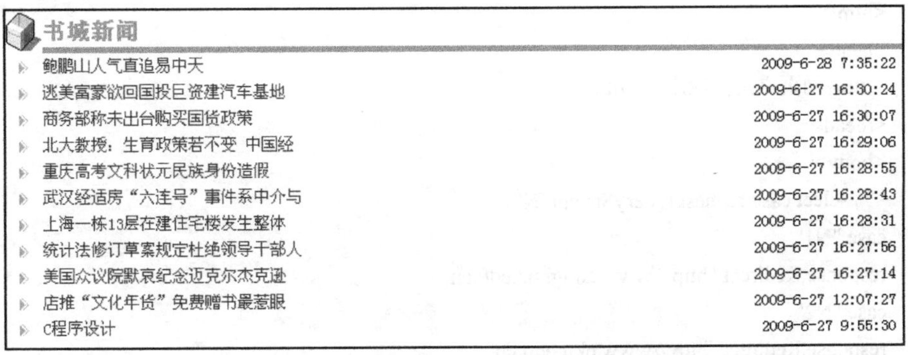

图4-33 "书城新闻"分类浏览页面预览效果

知识拓展 13：ASP 网络编程方法 3——网页重定向 Radirect 方法

下面来介绍 Response 对象网页重定向 Redirect 方法的使用。

Redirect 方法能使浏览器立即重定向到另一程序指定的 URL 上，其语法格式如下：

Response.Redirect URL

下面借助 Redirect 方法来创建一个可以转向链接到不同网站的页面，具体做法分成以下两个步骤。

（1）创建网站链接页面 4-1.html，其代码如下：

```
<html>
<head>
<title> 网页重定向应用 1</title>
</head>
<body>
友情链接网站
<form action="4-2.asp" method="get">
<select name="N">
<option value="N1">清华大学</option>
<option value="N2">北京大学</option>
<option value="N3">重庆大学</option>
<option value="N4">重庆航天职院</option>
<input type="submit" value="确定">
</select>
</form>
</body>
</html>
```

（2）创建网站转向页面 4-2.asp，其代码如下：

```
<%@LANGUAGE="VBSCRIPT" %>
<html>
<head>
<title>网页重定向应用 2</title>
</head>
<body>
<% select case request.QueryString("N")
case "N1"
response.Redirect "http://www.tsinghua.edu.cn"
case "N2"
response.Redirect "http://www.pku.edu.cn"
```

项目 4　开发电子商务网站前台用户系统

```
        case "N3"
          response.Redirect "http://www.cqu.edu.cn"
        case "N4"
          response.Redirect "http://www.cqepc.cn"
      end select
%>
</body>
</html>
```

任务 4-4　制作详细浏览页面

任务引出

在很多情况下，显示标题记录的概要信息还不够，还需要显示每项标题的详细信息，如单击网站首页新闻标题即可进入相应新闻的详细内容页面，单击某商品名字即可进入相应商品的详细信息页面。因此，为网站创建详细浏览页面也是一件不可缺少的工作。

在本任务中，将完成"重庆曼宁网上书城"新闻（图书）详细浏览页面的制作。

作品预览

打开并运行站点主页面文件"index.asp"，单击主页中【书城新闻】栏目中任一条新闻标题，如"鲍鹏山人气直追易中天"，链接将直接指向该新闻标题对应的详细页面，具体网页的预览效果如图 4-34 所示。

图 4-34　新闻详细显示页面预览效果

从图 4-34 中可看出，该页面详细显示了新闻标题、内容、录入时间、浏览次数等信息。

实践操作

1．界面设计

新建 ASP VBScript 页面，设计并制作新闻详细显示页面，然后命名保存为"eshowdetail.asp"，效果如图 4-35 所示。

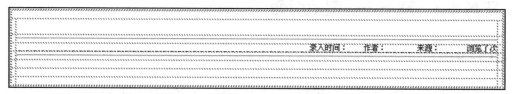

图 4-35　新闻详细显示页面界面

2．创建详细新闻显示记录集

在【应用程序】面板中，选择【绑定】→【添加】→【记录集】命令，在弹出的【记录集】对话框中进行新闻详细显示记录集定义，具体定义如图 4-36 所示。

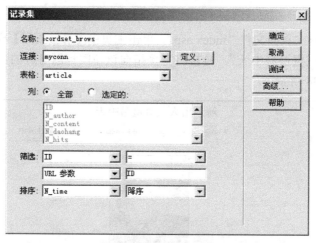

图 4-36　记录集定义

在图 4-36 中，设置 URL 参数"ID"的主要目的是用来接收前面链接传递参数的值。
单击【确定】按钮，完成新闻详细显示记录集"Recordset_brows"的定义。

3．绑定记录集

在"设计"视图环境下，将光标置于相应的单元格，选择【应用程序】→【绑定】命令，依次将动态文本"{Recordset_brows.N_title}"、"{Recordset_brows.N_time}"、"{Recordset_brows.N_author}"、"{Recordset_brows.N_source}"、"{Recordset_brows.N_hits}"、"{Recordset_brows.N_content}"等字段绑定到单元格中，如图 4-37 所示。

项目4 开发电子商务网站前台用户系统

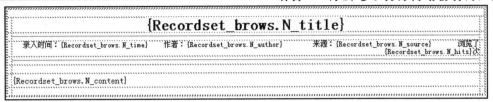

图 4-37 绑定记录集

4．定义新闻点击次数

在【应用程序】面板中，选择【服务器行为】→【添加】→【命令】命令，在弹出的对话框中分别设置"连接"和"类型"为"myconn"、"更新"；定义新变量"count"，设置"运行值"为"request.querystring("ID")"；设置点击更新取值"N_hits =N_hits+1"，如图 4-38 所示。

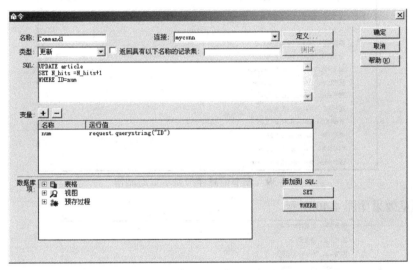

图 4-38 新闻点击次数更新定义

在该窗口中设置 SQL 代码如下：

```
UPDATE article
SET N_hits =N_hits+1
WHERE ID=num
```

单击【确定】按钮，完成"更新"命令的定义。

不过，以上得到的点击数还是上次的点击结果数，为了保证点击数实时更新，还需要在现有计数基础上加"1"，具体做法为：在"设计"视图环境下，选择动态文本"{Recordset_brows.N_hits}"，然后切换到"代码"视图环境，将如下代码：

```
<%=Recordset_brows.Fields.Item("N_hits").Value%>
```

修改为：

```
<%=(Recordset_brows.Fields.Item("N_hits").Value+1)%>
```

按前面介绍的方法，通过 ASP 文件包含命令依次嵌入"head.asp"、"copyright.asp"2 个文件。

```
<!--#include virtual="/head.asp" -->
<!--#include virtual="/copyright.asp" -->
```

这样，就完成了新闻详细显示页面的制作，按下【Ctrl+S】组合键保存网页文件"eshowdetail.asp"。

问题探究 14：制作图书详细浏览页面

上面完成的是新闻详细浏览页面的制作，按照同样的做法也可完成图书详细浏览页面"showdetail.asp"的制作。不同的是这两者页面在布局上有所不同，具体如图 4-39 所示。

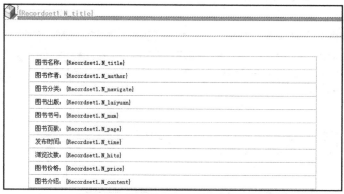

图 4-39　图书信息详细显示页面制作

网页预览效果如图 4-40 所示。

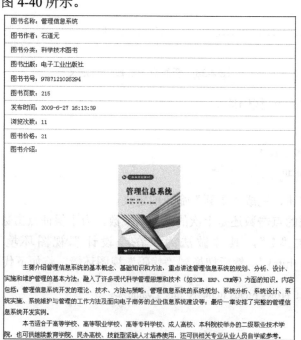

图 4-40　图书详细显示页面预览效果

知识拓展 14：ASP 网络编程方法 4——结束脚本执行和缓冲区处理

下面介绍 Response 对象在结束脚本执行和缓冲区处理等方面的应用。

1. 结束脚本执行

End 方法使 Web 服务器停止处理脚本并返回当前结果，文件中剩余的内容将不被处理。如果 Response.Buffer 已设置为 True，这时 End 方法即把缓存中的内容发送到客户并清除缓冲区。End 方法的语法格式如下：

```
Response.End
```

关于 End 方法的具体用法可参见如下程序：

```
<%@LANGUAGE="VBSCRIPT" %>
<% response.Buffer=true %>
<%
 for i=1 to 1000
   response.Write(i &" ")
   if i=500 then response.end()
 next
%>
```

2. 缓冲区处理

Web 服务器在解释 ASP 脚本的过程中，可以选择将结果立即输出到客户端的浏览器上，或是将结果存放在缓冲区之中，等到所有的 ASP 脚本执行完毕，才将完整的结果输出到浏览器上。是否存放内容到缓冲区可借助 Buffer 来实现，其命令格式如下：

```
Response. Buffer= True| False
```

注意：

本句一定要放在网页的开头。

"Response.Buffer=True" 意味着将输出内容缓存，等 ASP 代码执行完才把结果输出给浏览器；"Response. Buffer= False" 意味对输出内容不缓存，每个结果直接输出给浏览器。

还有一种 Flush 方法与缓冲器操作有关，它可以立即将缓冲区的内容送出，如果没有将 Response.Buffer 设置为 True，则该方法将导致运行错误；Response 对象另外提供了 Clear 方法可以清除缓冲区的内容，但如果没有将 Response.Buffer 设置为 True，则该方法将导致运行错误。

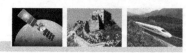

任务 4-5　制作图书查询系统

任务引出

目前，WWW 已成为共享信息资源发布的最重要的途径，而查询（搜索信息）、浏览（搜索结果）等行为则构成了网络的主要内容。就网站开发而言，一个查询界面、一个查询过程和一个显示查询结果的页面，共同构成一个基本查询的实现。

在本任务中，将完成“重庆曼宁网上书城”图书查询系统的制作。

作品预览

打开并运行站点动态页面文件“index.asp”，在“搜索关键字”文本框中输入“电子工业出版社”，在下拉列表框中选择“出版社”，具体网页的预览效果如图 4-41 所示。

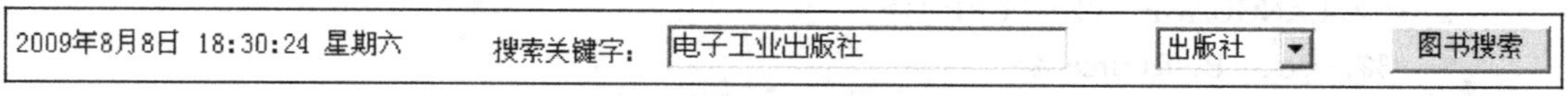

图 4-41　图书搜索页面预览效果

单击【图书搜索】按钮，打开搜索结果显示页面，在该页面中将列出“出版社”为“电子工业出版社”的所有图书，具体网页的预览效果如图 4-42 所示。

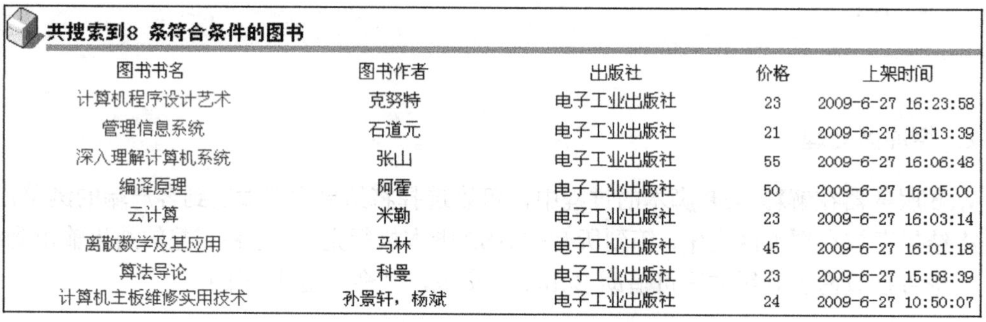
共搜索到8 条符合条件的图书

图书书名	图书作者	出版社	价格	上架时间
计算机程序设计艺术	克努特	电子工业出版社	23	2009-6-27 16:23:58
管理信息系统	石道元	电子工业出版社	21	2009-6-27 16:13:39
深入理解计算机系统	张山	电子工业出版社	55	2009-6-27 16:06:48
编译原理	阿霍	电子工业出版社	50	2009-6-27 16:05:00
云计算	米勒	电子工业出版社	23	2009-6-27 16:03:14
离散数学及其应用	马林	电子工业出版社	45	2009-6-27 16:01:18
算法导论	科曼	电子工业出版社	23	2009-6-27 15:58:39
计算机主板维修实用技术	孙景轩，杨斌	电子工业出版社	24	2009-6-27 10:50:07

图 4-42　图书搜索结果显示页面预览效果

实践操作

1．图书查询界面制作

（1）打开“index.asp”页面文件，在头部文件“head.asp”下插入一个宽度为“790 像素”的 1 行 2 列的表格。

（2）将光标置于第一个单元格中，切换到“代码”视图环境下，并插入如下时间显示代码：

```
<div class="STYLE107" id="linkweb"></div>
<span class="STYLE107 ">
```

```
<script>setInterval("linkweb.innerHTML=new Date().toLocaleString()+' 星期'+'日一二三四五六'
.charAt(new Date().getDay());",1000);
</script>
```

（3）将光标置于第二个单元格，先后插入【文本框】、【列表/菜单】、【按钮】等表单项，并命名【文本框】项为"input"、【列表/菜单】项为"list"。

（4）选择【列表/菜单】项，在弹出的【列表值】对话框中，完成列表值的定义，如图 4-43 所示。

图 4-43 "list"列表值定义

（5）选择"文档"窗口底部标签选择器中的"<form>"标签，切换到【属性】面板，为表单指定表单处理页面文件为"search.asp"，并选择表单处理方法为"POST"，如图 4-44 所示。

图 4-44 表单动作定义

这样，就完成了图书查询页面的制作，制作效果如图 4-45 所示。

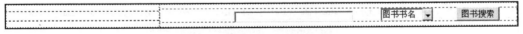

图 4-45 图书查询界面制作效果

最后，按下【Ctrl+S】组合键保存网页文件"index.asp"。

2．制作图书查询结果页面

（1）打开"showall.asp"页面，并命名另存为"search.asp"，由于图书查询结果页面与图书分类显示页面的界面模式比较相近，所以可在页面"showall.asp"基础上修改创建图书查询结果页面。

（2）打开记录集"Recordset_type"高级对话框，增加"MMColParam"、"MMColParam1"、"MMColParam2" 3 个变量，变量设置如图 4-46 所示。

（3）搜索结果显示记录集"Recordset_type"修改定义，如图 4-46 所示。

电子商务网站开发实务

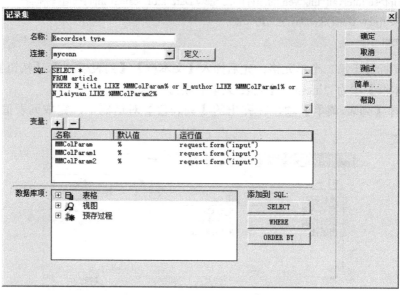

图 4-46 搜索结果显示记录集定义

SQL 代码如下：

SELECT *
FROM article
WHERE N_title LIKE %MMColParam% or N_author LIKE %MMColParam1% or N_laiyuan LIKE %MMColParam2%

（4）单击【确定】按钮，完成对搜索结果显示记录集"Recordset_type"的定义。
（5）绑定记录集及重复区域设置同前，此处不再赘述。
至此，就完成了查询结果显示页面的制作，页面制作效果如图 4-47 所示。

图 4-47 搜索结果显示页面制作效果

最后，按下【Ctrl+S】组合键保存网页文件"search.asp"。

问题探究 15：模糊查询方法

在实际查询中，不见得总是能够给出精确的查询条件（如上面的图书查询案例），因此经常需要根据一些不确切的线索来查询信息。SQL 提供的 LIKE 子句就能实现这类模糊查询。

LIKE 子句在大多数情况下会与通配符配合使用。SQL 提供了 4 种通配符供用户灵活实现复杂的模糊查询条件，如表 4-2 所示。

表 4-2　SQL 提供的通配符及功能

通 配 符	功　　能
％（百分号）	可匹配任意类型和长度的字符
＿（下画线）	可匹配任意单个字符，它常用来限制表达式的字符长度
[ ]（封闭方括号）	表示方括号里列出的任意一个字符
[^]	任意一个没有在方括号里列出的字符

所有通配符都只有在 LIKE 子句中才有意义，否则通配符会被当作普通字符处理。下面具体介绍最常用通配符"％"、"_"的使用。

1."％"通配符

"％"通配符表示任意字符的匹配，且不计字符的多少。如"电脑％"表示匹配以字符串"电脑"开头的任意字符串；"％电脑"表示匹配以字符串"电脑"结尾的任意字符串；"％电脑％"表示匹配含有字符串"电脑"的任意字符串。

此外，使用"％"通配符还可以指定开头和结尾同时匹配的方式，这在实际应用中使用也较多。

另外，"％"通配符还经常用在 NOT LIKE 语句中实现排除查询。

2."_"通配符

与"％"通配符不同，"_"通配符只能匹配任何单个字符。如"_hia"表示将查找以"hia"结尾的所有 4 个字母的字符串（"Ehia"、"2hia"、"ahia"等）。当然，要表示两个字符的匹配，就需要使用两个"_"通配符。

只有在用户确定所要查询的字符串的个数，而不确定其中的一个或几个字符的确切值时，才能使用"_"通配符。

知识拓展 15：ASP 网络编程方法 5——Request 对象

在现实生活中，人们经常需要收集客户端信息（如用户的注册、客户订单信息等）或服务器端的环境变量，然后将收集的这些信息发送给服务器端或其他 ASP 页面，要完成这样的操作过程，就不得不用到 Request 对象。

Request 对象与 Response 对象事实上是相辅相成的，Response 对象是将 ASP 程序的执行结果送到客户端上显示，而 Request 对象则相反。Request 对象可以取得表单 HTTP 或随 URL 请求发送的信息，以及获得存储在客户端的 Cookie。Request 对象的语法格式如下：

Request.collection|property|method](variable)

其中，collection、property 和 method 三个参数只能选择一个，也可以三个都不选；变量参数 variable 是一些字符串，这些字符串指定要从集合中检索的项目，或作为方法或属性的输入。

Request 对象提供了 Cookies、Form、QueryString、ServerVariables 和 ClientCertificate 5 个

电子商务网站开发实务

集合，Request 对象把客户端信息保存在这几个集合中。当不指定集合名时，以 QueryString、Form、Cookie、ClientCertificate、ServerVariable 的顺序搜索所有集合，当发现第一个匹配的变量时，就认定它是要引用的成员；当然，为了提高效率，最好指定是哪个集合中的成员。

知识梳理与总结

（1）新闻列表主页面是新闻（资讯）系统的主体，它主要面向浏览者。新闻列表主页面的制作要点为对新闻类别的划分及链接页面参数传递等问题的处理。

（2）热门图书显示功能是对用户浏览行为的一种反馈。热门图书浏览显示页面的制作要点在于根据网络数据库表中"点击数"字段的数据进行排序处理。

（3）分类浏览页面的创建主要包括了 URL 参数的接收、处理和页面数据的显示。

（4）详细浏览页面是通过 URL 参数（即"ID"）值的传递来实现的，即通过接收、判断"ID"参数值，显示与"ID"值相对应的内容。

（5）查询系统的开发包括查询界面制作、查询过程设计和查询结果显示页面制作三个方面。

实训 4　制作基本动态网页

1．实训目的

（1）掌握记录集的定义与设置；
（2）掌握动态数据显示页面的制作；
（3）熟悉动态数据管理页面的制作；
（4）熟悉动态数据统计页面的制作；
（5）熟悉数据查询页面的制作。

2．实训内容

在 Dreamweaver 中定义一个动态站点，并创建动态 ASP 页面文件，在连接好数据库"workers.mdb"基础上，试完成以下操作：

（1）为动态 ASP 页面创建数据记录集；
（2）在页面中显示数据库中相关数据表的所有数据；
（3）为数据显示页面创建记录集导航条；
（4）为数据显示页面创建详细数据页面链接；
（5）完成数据的添加、编辑、删除、统计等操作功能制作；
（6）实现对网页数据库数据的多维查询。

项目5
开发电子商务网站后台管理系统

教学导航

对于从事商业活动的电子商务网站,既要有面向浏览者的用户界面,而网站信息的添加、编辑、删除处理都将依赖于网站后台管理系统的工作。在本项目中,将以"重庆曼宁网上书城"后台管理系统开发为实例,系统介绍后台管理系统管理员登录页面、后台管理系统主页面、新闻(图书)添加页面、新闻(商品)编辑页面、新闻(商品)删除页面等制作方法。

任务 5-1 制作后台管理系统管理员登录页面

任务引出

后台管理系统承担着网站数据的发布、删除、编辑等重要工作，只有管理员才能进入后台管理系统进行网站管理。为方便后台管理，很多网站都提供了"管理员登录"功能模块，当管理员输入用户名和密码等登录信息时，如果用户名和密码正确则进入后台管理的相关页面；若不正确或没有该记录，则提示出错信息。

在本任务中，将完成"重庆曼宁网上书城"后台管理系统管理员登录页面的制作。

作品预览

打开并运行站点动态页面文件"index.asp"，单击底部"后台管理"文本链接，进入后台管理登录页面，在【用户名】文本框和【密码】文本框中分别输入用户名"admin"、密码"admin"，单击【登录】按钮，直接进入后台管理系统。后台管理登录页面的预览效果如图 5-1 所示。

图 5-1　后台管理登录页面的预览效果

实践操作

1. 设计数据库表

启动 Access，打开"edunet.mdb"数据库，然后在数据库中创建数据表"manage"。数据表"manage"由"admin"、"pw"两个字段构成，其属性和说明如表 5-1 所示。

表 5-1　"manage"数据表的属性

字 段 名 称	数 据 类 型	备 注 说 明
admin	文本	用户姓名
pw	文本	用户密码

在完成数据库表的结构定义后，在"manage"数据表中输入数据，如图 5-2 所示。

项目 5　开发电子商务网站后台管理系统

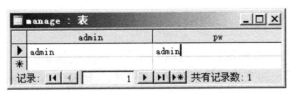

图 5-2　"manage"数据表的数据

2．设计登录页面

新建 ASP VBScript 页面，并命名保存为"login.asp"。设计并制作登录表单页面，命名表单名为"login"；命名文本框 1 为"username"；命名文本框 2 为"userpass"，并设置文本框类型为"密码"；设置图像按钮类型为"提交"，具体效果如图 5-3 所示。

图 5-3　管理员登录界面

3．创建"登录用户"服务器行为

选择【服务器行为】→【添加】→【用户身份验证】→【登录用户】命令，打开【登录用户】对话框，完成"登录用户"参数设置，如图 5-4 所示。

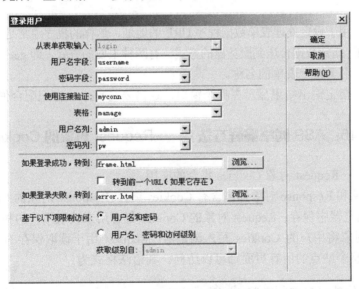

图 5-4　"登录用户"服务器行为

单击【确定】按钮完成参数设置。

4．制作登录失败提示页面

新建 html 页面，并命名保存为"error.htm"。输入登录失败页面提示内容"对不起，您

登录失败，请重新输入！"，并链接到登录文件"login.asp"。

5．完善页面链接

通过 ASP 文件包含命令依次嵌入"head.asp"、"copyright.asp" 2 个文件；同时，打开底部文件"copyright.asp"，为文本"管理登录"添加超级链接"/login.asp"。

这样，就完成了后台管理登录页面文件"login.asp"的制作。最后，按下【Ctrl+S】组合键保存网页文件"login.asp"。

问题探究 16：表单基本用法

在前面，我们已经多次用到了表单用法。实际上，作为从 Web 访问者那里收集信息的一种方法，表单在网页中的作用不可小视，表单可以用于登录、注册、订购等，甚至在浏览者使用搜索引擎查找信息时，查找的关键字都是通过表单提交到服务器上的。

表单为了处理各种用户信息，包含了允许用户进行交互的各种对象，包括文本框、列表框、复选框和单选按钮等。表单的<Form></Form>标签包含一些参数，使用这些参数可以指定处理表单数据的对象，如 ASP 应用程序，而且还可以指定将数据从浏览器传输到服务器时要使用的 HTTP 方法。表单的基本用法如下：

```
<form action="adminadd.asp" method="post" enctype="multipart/form-data" name="form1" target="_blank" >
</form>
```

其中：

（1）action：用于设定处理表单数据程序 URL 的地址，这样的程序通常是 ASP 应用程序。

（2）method：指定数据传送到服务器的方式。有两种主要的方式，即 get 方式和 post 方式。

（3）name：用于设定表单的名称。

（4）target：指定输出结果显示在哪个窗口，这需要与<form>标记配合使用。

知识拓展 16：ASP 网络编程方法 6——Request 对象的 Cookies 集合

下面介绍一下 Request 对象 Cookies 集合的应用。

Request 对象和 Response 对象都包含有 Cookies 集合。Response 对象的 Cookies 集合负责将数据设置到浏览器中保存；Request 对象的 Cookies 集合用来读取用户的相关信息。换句话说，Response 对象将用户的 Cookies 写入浏览器，Request 用于读取保存的 Cookies 信息。Cookies 默认在整个站点的所有页面都可以访问。其语法格式为：

```
Request.Cookies(name)[(key)|.attribute]
```

其中，name 是 Cookie 的名称；key 为可选参数，如果定义了 key，则 value 设置的任何属性值将属于这个 key；attribute 指定 Cookie 自身的有关信息。

从语法表达式可以发现，Response 对象的 Cookies 集合和 Request 对象的 Cookies 集合的使用方法是一样的，只是它们的作用正好相反。前者用来接收 Cookie，后者用来发送 Cookie。

具体用法举例如下:

```
<%
Response.write("你好"&request.cookies("用户")("名字")&"<br>")
Response.write("你好"&request.cookies("用户")("性别")&"<br>")
Response.write("你好"&request.cookies("用户")("密码")&"<br>")
%>
```

任务 5-2 制作后台管理系统主页面

任务引出

管理员登录以后,管理员就可以完成网站数据的发布、删除、编辑等工作。为方便后台管理,很多网站都使用框架技术,在网页的顶端或左方,提供返回管理功能主页面的链接。在本任务中,将完成"重庆曼宁网上书城"后台管理系统主页面的制作。

作品预览

打开并运行站点动态页面文件"index.asp",进入后台管理登录窗口,输入用户名"admin"、密码"admin",单击【登录】按钮,进入后台管理系统主页面,后台管理系统主页面的预览效果如图 5-5 所示。

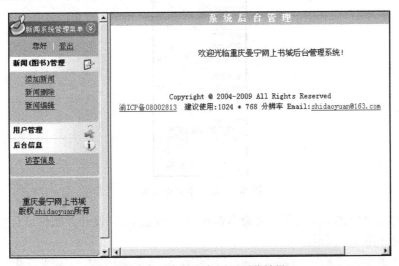

图 5-5 后台管理主页面预览效果

实践操作

1. 制作后台管理主页面

(1)新建一个左右结构框架,使用鼠标光标直接拖曳页面中框架的左右两边直至合适位

电子商务网站开发实务

置,同时命名主框架名称为"mainframe",左框架名称为"leftFrame",保存框架集文件名为"frame.html",框架结构如图 5-6 所示。

图 5-6　主页面框架结构

（2）新建 ASP VBScript 页面,并命名保存为"menu.asp";设计并制作管理主菜单页面,分别为各菜单项添加链接文件,如"添加新闻"链接文件为"adminadd.asp","目标"为"mainFrame";"新闻删除"链接文件为"admindelete.asp","目标"为"mainFrame";"新闻编辑"链接文件为"adminedit.asp","目标"为"mainFrame",其他链接略。具体效果如图 5-7 所示。

图 5-7　管理主菜单页面

（3）新建 ASP VBScript 页面,并命名保存为"admin.asp",设计并制作后台管理系统主页面,具体效果如图 5-8 所示。

图 5-8　后台管理系统主页面

(4) 在 "frame.html" 文件页面窗口中，选择框架集左框架 "leftFrame"，在【源文件】文本框中填入 "menu.asp"，在【滚动】下拉列表中选择 "是"，具体如图 5-9 所示。

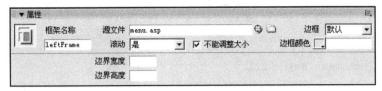

图 5-9 "leftFrame" 框架定义

(5) 同理，选择框架集主框架 "mainFrame" 部分，在【源文件】文本框中填入 "admin.asp"，其他默认，具体如图 5-10 所示。

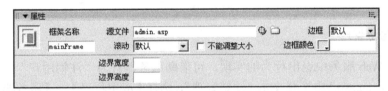

图 5-10 "mainFrame" 框架定义

后台管理主页面制作效果如图 5-11 所示。

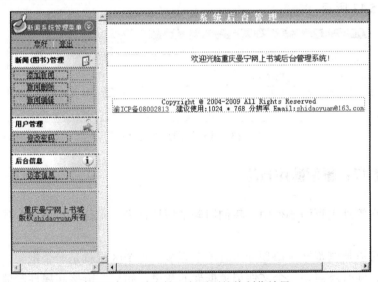

图 5-11 后台管理主页面整体制作效果

2．限制对页面访问

为安全起见，我们应限制非管理员对所有后台管理的操作。

在页面 "admin.asp" 中，选择【应用程序】→【服务器行为】→【用户身份验证】→【限制对页的访问】命令，在弹出的【限制对页的访问】对话框的【基于以下内容进行限制】选项区中选择【用户名和密码】单选按钮；在【如果访问被拒绝，则转到】文本框中输入 "login.asp"，具体设置如图 5-12 所示。

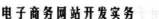

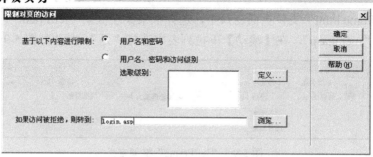

图 5-12 "限制对页的访问"对话框

依次类推,为"adminedit.asp"、"adminadd.asp"等页面均实施页面访问限制,以后将不再赘述。

3. 注销身份管理

管理员在 Web 服务中退出行为的实现,可借助服务器行为"注销用户"完成。

在页面"menu.asp"中选择文本"注销管理",选择【应用程序】→【服务器行为】→【用户身份验证】→【注销用户】命令,在弹出的【注销用户】对话框的【在以下情况下注销】选项区中选择【单击链接】单选按钮;在【在完成后,则转到】文本框中输入"index.asp",具体设置如图 5-13 所示。

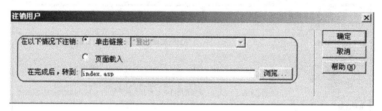

图 5-13 【注销用户】对话框

问题探究 17:框架应用方法

在前面后台管理主页面制作中,我们用到了框架技术,那什么是框架? 使用框架技术又有何优点呢?

利用框架可以把浏览器窗口划分为若干个区域,每个区域就是一个框架,在其中分别显示不同的网页;同时还需要一个文件记录框架的数量、布局、链接和属性等信息,这个文件就是框架集。单个框架也就是普通的 HTML 文档分别被放置到各框架中,当链接到设置框架的 HTML 文档时,整个框架及各 HTML 文档就会一起显示在浏览器中。

使用框架的比较常见的情况是,一个框架显示包含导航栏目的文档,而另一个框架显示含有内容的文档,如图 5-14 所示。

使用框架具有以下优点:

(1)访问者的浏览器不需要为每个页面重新加载与导航相关的图形;

(2)每个框架都具有自己的滚动条(如果内容太大,在窗口中显示不下),因此访问者可以独立滚动这些框架。

项目 5　开发电子商务网站后台管理系统

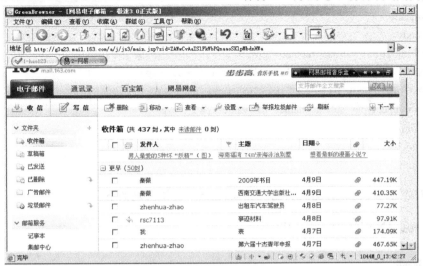

图 5-14　框架示例

使用框架具有以下缺点：
（1）可能难以实现不同框架中各元素的精确图形对齐；
（2）对导航进行测试可能很耗时间；
（3）各个带有框架的页面的 URL 不显示在浏览器中，因此访问者可能难以将特定页面设为书签。

知识拓展 17：ASP 网络编程方法 7——Request 对象的 Form 集合

下面来介绍一下 Request 对象的 Form 集合的应用。

Form 集合是 Request 对象中最常使用的数据集合，可以取得客户端表单中的各个表单对象的值，这里所说的表单对象主要包括单行文本（Text）、文本区域（TextArea）、复选框（CheckBox）、单选按钮（Radio）、下拉列表/菜单（Select）、按钮（Button）、文件域（File）、隐藏域（Hidden）等。Form 集合主要通过 Post 方法来提取发送到 HTTP 请求正文中的数据，其语法格式如下：

```
Request.Form（element）[（index）|.Count]
```

其中，element 为表单对象名称；index 为可选参数，使用该参数可以访问某参数中多个值中的一个，它可以是 1 到 Request.Form(parameter).Count 之间的任意整数；Count 表示集合中元素的个数。

当 Form 以 Post 方法提交时，就应该使用 Form 数据集合。

下面通过一个例子说明获取表单数据的方法，具体做法分为以下两个步骤。
（1）创建使用 Form 提交数据的页面 4-3.htm，具体代码如下：

```
<html>
<head>
<title>提交表单数据</title>
```

99

```
</head>
<body>
<form action="4-4.asp" method="post">
<p>姓名：<input type="text" size="15" name="name"></p>
<p>年龄：<input type="text" size="15" name="age"></p>
<p><input type="submit" name="b1" value="提交"></p>
</form>
</body>
</html>
```

（2）创建显示 Form 提交数据的页面 4-4.asp，具体代码如下：

```
<%@LANGUAGE="VBSCRIPT"%>
<html>
<head>
<title>获取表单数据</title>
</head>
<body>
<%=request.form("name")%>，欢迎您！您的年龄是：
<%=request.form("age")%>
</body>
</html>
```

其运行结果如图 5-15、图 5-16 所示。

图 5-15 提交表单数据

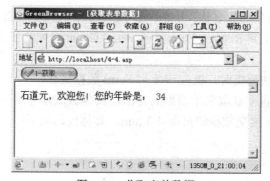

图 5-16 获取表单数据

项目 5　开发电子商务网站后台管理系统

任务 5-3　制作新闻（图书）添加页面

任务引出

作为一个大型电子商务网站，需要每天向外发布新闻资讯或更新商品，这就要求后台管理系统必须有新闻（商品）添加功能模块。新闻（商品）添加的实质就是通过表单提交数据到后台数据库中，从而实现数据库的更新。

在本任务中，将完成"重庆曼宁网上书城"后台新闻（图书）添加页面的制作。

需注意的一点是，虽然"新闻"和"图书"的属性各有不同，但二者添加的实质是一样的，即都是向后台数据库提交数据，因此二者的添加是可以在同一个页面中完成的。

作品预览

打开并运行站点后台管理主页面文件"frame.html"，单击左侧【添加新闻】文本链接，进入后台【新闻（图书）添加】页面，并尝试添加 1 条新闻，如图 5-17 所示。

图 5-17　【新闻（图书）添加页面】预览效果

单击【内容提交】按钮，完成新闻记录的添加。打开并运行站点动态页面文件"index.asp"，将会发现"书城新闻"栏目下新添加了一条新闻，单击新添加新闻链接，打开新闻详细浏览页面，如图 5-18 所示。

101

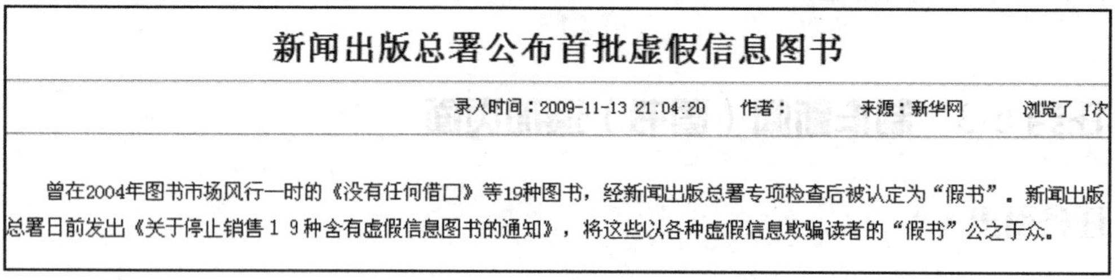

电子商务网站开发实务

新闻出版总署公布首批虚假信息图书

录入时间：2009-11-13 21:04:20　　作者：　　来源：新华网　　浏览了 1次

曾在2004年图书市场风行一时的《没有任何借口》等19种图书，经新闻出版总署专项检查后被认定为"假书"。新闻出版总署日前发出《关于停止销售１９种含有虚假信息图书的通知》，将这些以各种虚假信息欺骗读者的"假书"公之于众。

图 5-18　新闻成功添加后网页预览效果

实践操作

1. 设计新闻添加页面

新建 ASP VBScript 页面，并命名保存为"adminadd.asp"，设计并制作新闻（图书）添加表单页面，并创建以数据库字段命名的表单控件，如"新闻（图书）标题"对应的文本框命名为"N_title"，"新闻（图书）作者"对应的文本框命名为"N_author"等，具体制作效果如图 5-19 所示。

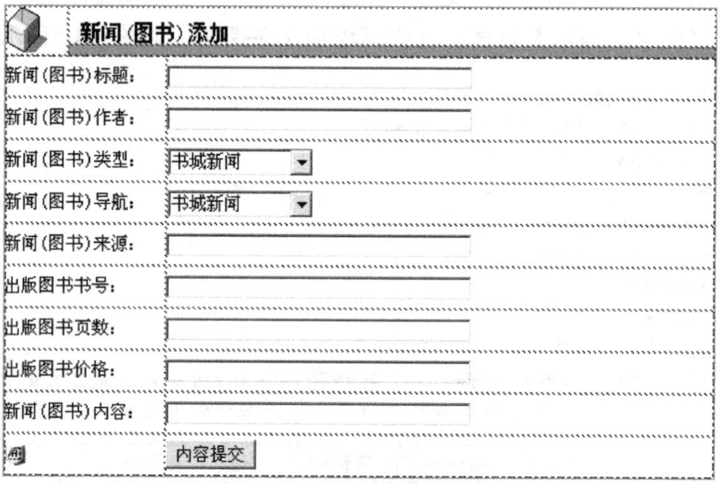

图 5-19　新闻添加页面布局

2. 创建新闻（图书）添加记录集

选择【应用程序】→【绑定】→【添加】→【记录集】命令，在弹出的【记录集】对话框中完成新闻（图书）添加记录集定义，具体定义如图 5-20 所示。

单击【确定】按钮，完成对新闻（图书）添加记录集"Rec_add"的定义。

3. 插入记录

在【应用程序】控制面板中，选择【服务器行为】→【添加】→【插入记录】命令，在弹出的【插入记录】对话框的【连接】下拉列表框中选择数据库连接，如"myconn"；在【插入到表格】下拉列表框中选中数据表，如"article"；在【插入后，转到】文本框中输入

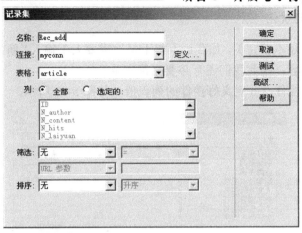

图 5-20　新闻（图书）添加记录集定义

"adminadd.asp"，完成一条记录输入后，再次回到添加页面等候下一条记录的添加，具体设置如图 5-21 所示。

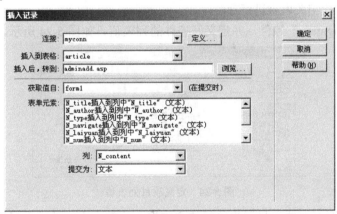

图 5-21　【插入记录】对话框

单击【确定】按钮，返回页面【设计】窗口，已经创建好新闻（图书）添加表单，如图 5-22 所示。

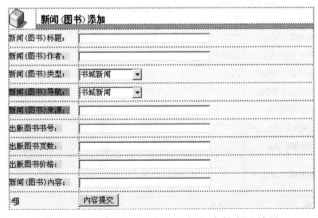

图 5-22　【新闻（图书）添加】表单布局效果

4．表单的完善与优化

以上完成的表单还不够完美，如我们不得不每次需要人工输入"新闻（图书）类型"、"新闻（图书）导航"内容，因此我们还有必要完善表单。

选择"N_type"控件，并定义好控件的列表值，如图 5-23 所示。

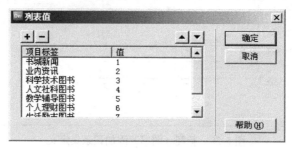

图 5-23　定义项目类别列表值

在图 5-23 中，值"1"、"2"等代表了"书城新闻"、"业内资讯"等不同类型，这一点读者可结合任务 4-1 的相关内容进行理解。

选择"N_navigation"控件，并定义好控件的列表值，如图 5-24 所示。

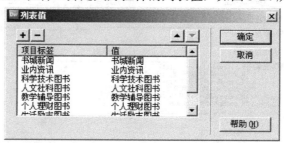

图 5-24　定义项目列表值

同时，"出版图书概要"显示为单行的文本框，不符合人们的输入习惯。选择该文本框并在【属性】控制面板中设置"字符宽度"、"行数"分别为"65"、"6"，这时【新闻（图书）添加】页面的最终制作效果如图 5-25 所示。

图 5-25　完善和优化后的页面效果

5. 在线编辑器的应用

虽然利用以上的"N_content"文本框也能添加简单的文本新闻内容，但更多时候我们需要添加图文混排内容或需要对新闻内容格式化输出，这就不得不用到在线编辑器（即eWebEditor）。

eWebEditor 是一个所见即所得的在线编辑器。顾名思义，就是能在网络上使用所见即所得的编辑方式来编辑图文并茂的文章、新闻、讨论贴、通告、记事等多种文字形式。下面我们来介绍一下 eWebEditor 的使用，读者也可通过网络、资料等手段更多地了解关于 eWebEditor 方面的知识。

（1）在网上下载"eWebEditor"文件并解压在站点文件夹"ec"下。

（2）删除"N_content"文本框，并将光标定位于所删之处，切换到"代码"视图环境，输入下列代码：

```
<iframe id="eWebEditor1" src="eWebEditor/ewebeditor.asp?id=N_content&style=s_light" frameborder="0" scrolling="No" width="550" height="350"></iframe>
```

（3）需要指定在线编辑器初始状态。找到"<body>"标签，并修改为：

```
<body onload="eWebEditor1.setMode("EDIT")">
```

即当页面载入时，将在线编辑器定义为"设计"视图环境。

（4）还要为在线编辑器指定一个隐藏文本域。将光标定位于表单内某处，插入一个隐藏域并命名为"N_content"，以保持加载在线编辑器时参数（即"?id=N_content"）的一致。

这样，就完成了在线编辑器嵌入调用，按下【F12】键预览页面，页面预览效果如图 5-26 所示。

图 5-26　在线编辑器调用页面预览

这样，我们在后台添加新闻（图书）时，就能像编排 Word 文档一样发布新闻（图书）信息了。

问题探究 18：在线编辑器（eWebEditor）应用方法

eWebEditor 是基于浏览器的、所见即所得的在线 HTML 编辑器。它能够在网页上实现许多桌面编辑软件（如 Word）所具有的强大可视编辑功能。Web 开发人员可以用它把传统的多行文本输入框<TEXTAREA>替换为可视化的富文本输入框，使最终用户可以可视化地发布 HTML 格式的网页内容。eWebEditor 已成为网站内容管理发布的必备工具。

1．下载安装

从 eWebEditor 产品网站下载最新的免费试用版本。解压下载下来的压缩文件到本地主机，并确定 eWebEditor 内的目录文件结构层次保持与压缩文件内一致。

2．后台设置

eWebEditor 带有后台管理功能，用户可以方便地对样式、上传文件等进行管理。在浏览器地址栏中输入"http://localhost/ewebeditor/admin_login.asp"，会弹出后台登录页面，如图 5-27 所示。

图 5-27　eWebEditor 后台登录页面

第一次安装请用默认用户名 admin 和密码 admin 登录后台，进入管理页面后可更改管理用户名和密码。

建议安装好后更改数据库名字，以免有人恶意下载，默认数据名为"db/ewebeditor.mdb"，更改名字后请修改"include/startup.asp"文件中的相关链接。

系统自带有几个标准样式，不允许修改。在新增样式时，最好先预览，然后通过"拷贝标准样式"的方式，以达到快速新增样式的目的，且不易出错，如图 5-28 所示。

3．标准调用

eWebEditor 的调用非常简单，基本上是在原来的基础上加入一行代码。

```
<iframe id="eWebEditor1" src="eWebEditor/ewebeditor.htm?id=content&style=blue" frameborder="0" scrolling="No" width="550" height="320"></iframe>
```

项目 5　开发电子商务网站后台管理系统

样式名	最佳宽度	最佳高度	说明	管理
standard	550	350	Office标准风格，部分常用按钮，标准适合界面宽度，默认样式	预览|代码|设置|工具栏|拷贝
s_full	550	650	酷蓝样式，全部功能按钮，适用于功能演示	预览|代码|设置|工具栏|拷贝
s_light	550	350	Office标准风格按钮+淡色，部分常用按钮，标准适合界面宽度	预览|代码|设置|工具栏|拷贝
s_blue	550	350	Office标准风格按钮+蓝色，部分常用按钮，标准适合界面宽度	预览|代码|设置|工具栏|拷贝
s_green	550	350	Office标准风格按钮+绿色，部分常用按钮，标准适合界面宽度	预览|代码|设置|工具栏|拷贝
s_red	550	350	Office标准风格按钮+红色，部分常用按钮，标准适合界面宽度	预览|代码|设置|工具栏|拷贝
s_yellow	550	350	Office标准风格按钮+黄色，部分常用按钮，标准适合界面宽度	预览|代码|设置|工具栏|拷贝
s_3d	550	350	Office标准风格3D凹凸按钮，部分常用按钮，标准适合界面宽度	预览|代码|设置|工具栏|拷贝
s_coolblue	550	350	COOL界面，蓝色主调，标准风格，部分常用按钮，标准适合界面宽度	预览|代码|设置|工具栏|拷贝
s_mini	550	350	mini全菜单风格，全部功能按钮，工具栏占位小，标准界面宽度	预览|代码|设置|工具栏|拷贝
s_popup	550	350	酷蓝样式，主要用于标准弹窗，增加弹窗返回按钮。	预览|代码|设置|工具栏|拷贝
s_newssystem	550	350	酷蓝样式，用于新闻系统例子代码，使用相对路径模式	预览|代码|设置|工具栏|拷贝

图 5-28　eWebEditor 样式

参数说明如下。

（1）id：相关联的表单项名，也就是提交保存页要引用的表单项名，有多个调用时，要保证 id 不同。

（2）style：使用的样式名，可以是标准的样式名或自定义的样式名。

（3）width、height：根据实际需要设置，eWebEditor 将自动调整与其适应。

在后台管理中，可以得到每个样式的最佳调用代码。

知识拓展 18：ASP 网络编程方法 8——获取、查询提交数据

下面介绍一下 Request 对象是如何获取、查询提交数据的。

QueryString 可以获取在 URL 后面标识的所有返回变量及其值，通常在地址栏直接传送数据都是以 QueryString 变量的方法传送变量名及数值，并且变量的名称与变量的内容必须接在 "?" 符号之后。例如，当客户端送出如下请求时，QueryString 将会获得 name 和 age 两个变量的值。

```
<a href="queryString.asp?name=shidaoyuan&age=34">
```

简单地说，URL 参数和窗体的 Get 方法都是使用 QueryString 数据集合。

下面通过一个例子说明用 QueryString 数据集合获取数据用法，具体做法分为以下两个步骤。

（1）创建提交数据的页面 5-1.htm，具体代码如下：

```
<html>
<head>
<title>提交表单数据</title>
</head>
<body>
<form action="5-2.asp" method="get">
<p>姓名：<input type="text" size="15" name="name"></p>
<p>年龄：<input type="text" size="15" name="age"></p>
<p><input type="submit" name="b1" value="提交"></p>
</form>
</body>
</html>
```

（2）创建获取提交数据的页面 5-2.asp，具体代码如下：

```
<%@LANGUAGE="VBSCRIPT"%>
<html>
<head>
<title>用 QueryString 获取数据</title>
</head>
<body>
<%=request.QueryString("name") %>，欢迎您！您的年龄是：
<%=request.QueryString("age")%>
</body>
</html>
```

其运行结果如图 5-29、图 5-30 所示，注意观察地址栏中地址的变化。

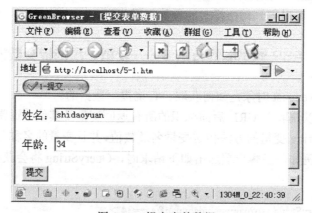

图 5-29　提交表单数据

QueryString 和 Form 一样，都可以取得前一页所发送的值，不同的是 Form 是利用 Post 方法通过表单取得数据，而 QueryString 是利用 Get 方法通过参数取得数据。

项目 5　开发电子商务网站后台管理系统

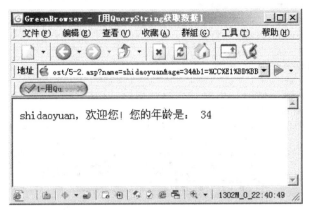

图 5-30　用 QueryString 获取表单数据

任务 5-4　制作新闻（商品）编辑页面

任务引出

当新闻（商品）添加后，有时会由于某些原因将其进行编辑修改。这就要求管理员从数据库中查询到相应数据并放置到用户界面，待用户修改完成并重新提交网页数据的编辑修改。

在本任务中，将完成"重庆曼宁网上书城"后台新闻（图书）编辑页面的制作。

作品预览

打开并运行站点后台管理主页面文件"frame.html"，单击左侧"新闻编辑"文本链接，进入后台新闻（图书）标题目录页面，选择某条新闻（或图书）记录，如"鲍鹏山人气直追易中天"，单击右侧的"编辑"文本链接，进入【新闻（图书）编辑】窗口实现数据编辑修改，单击【内容修改】按钮，完成并提交数据编辑修改，具体预览效果如图 5-31 所示。

实践操作

1. 制作新闻（图书）编辑首页页面

1）设计新闻（图书）编辑首页页面

新建 ASP VBScript 页面，并命名保存为"adminedit.asp"，设计并制作新闻（图书）编辑页面，如图 5-32 所示。

图 5-31 【新闻（图书）编辑】页面预览效果

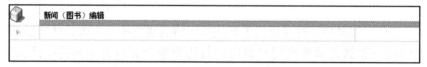

图 5-32 新闻（图书）编辑首页界面

2）创建显示所有新闻（图书）的记录集

在【应用程序】控制面板中，选择【绑定】→【添加】→【记录集】命令，在弹出的【记录集】对话框中进行所有新闻（图书）显示记录集定义，具体定义如图 5-33 所示。

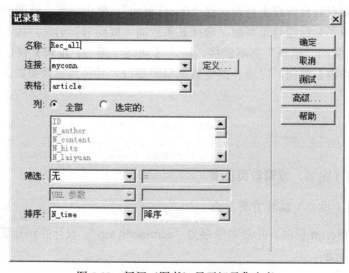

图 5-33 新闻（图书）显示记录集定义

项目 5 开发电子商务网站后台管理系统

单击【确定】按钮,完成对新闻(图书)显示记录集"Rec_all"的定义。

3) 绑定记录集并设置重复区域

在"设计"视图环境下,将光标置于相应单元格,选择【应用程序】→【绑定】命令,将动态文本"{Rec_all.N_title}"字段绑定到单元格中;选定该表格行并选择【服务器行为】→【重复区域】命令,在弹出的【重复区域】对话框择选择记录集"Rec_all",并设置好重复记录数为"25",最终设置效果如图 5-34 所示。

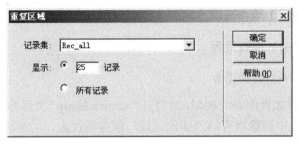

图 5-34 定义重复区域

将光标置于表中第三行,选择插入【记录集导航条】命令,在弹出的【记录集导航条】对话框的【记录集】列表框中选择记录集,如"Rec_all";在【显示方式】单选按钮中选择【文本】,如图 5-35 所示。

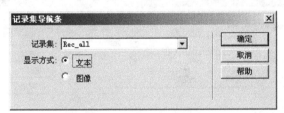

图 5-35 定义记录集导航条

单击【确定】按钮,完成记录集导航条设置。

4) 创建详细数据页面链接

在表中第二行第二列处,输入并选择文本"编辑",为选中文本完成创建详细数据页面链接设置,具体设置如图 5-36 所示。

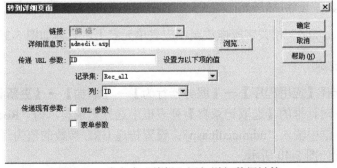

图 5-36 为文本"编辑"添加详细数据链接

111

电子商务网站开发实务

至此,就完成了新闻(图书)编辑首页页面的制作,页面制作效果具体如图 5-37 所示。

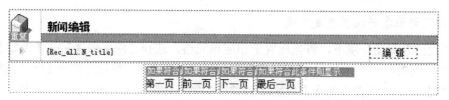

图 5-37 为文本"编辑"添加详细数据链接

最后,按下【Ctrl+S】组合键保存网页文件"adminedit.asp"。

2．制作新闻(图书)编辑页面

1)设计新闻(图书)编辑页面

由于编辑页面与添加页面颇为相似,故打开"adminadd.asp"页面并另存为"admedit.asp"。在页面"admedit.asp"中删除原有的"插入记录"服务器行为。

2)定义新闻(图书)编辑记录集

为页面"admedit.asp"定义新闻(图书)编辑记录集"Rec_add",其具体设置如图 5-38 所示。

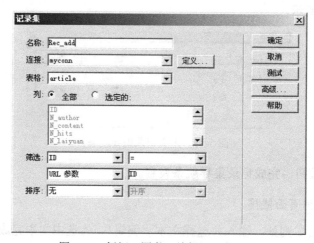

图 5-38 新闻(图书)编辑记录集定义

3)绑定表单数据控件

将记录集"Rec_add"相关字段拖放至相应表单元素上,具体如图 5-39 所示。

4)更新新闻记录

选择表单,选择【应用程序】→【服务器行为】→【添加】→【更新记录】命令,在弹出的【更新记录】对话框的【选取记录自】列表框中选择记录集,如"Rec_add";在【在更新后,转到】文本框中输入"adminedit.asp";设置传递 URL 参数的值为"ID",其他设置保持默认,具体设置如图 5-40 所示。

项目5　开发电子商务网站后台管理系统

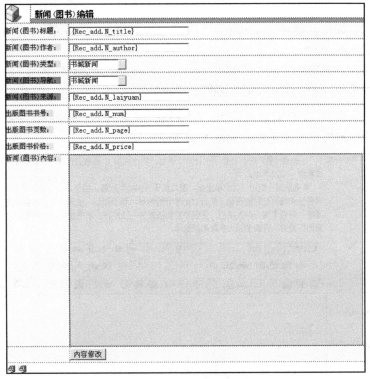

图 5-39　绑定记录集

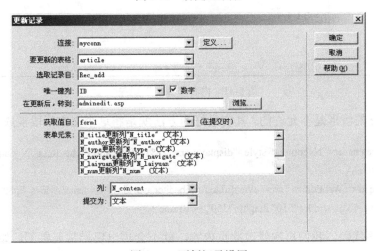

图 5-40　更新记录设置

单击【确定】按钮，完成更新记录链接设置。

至此，就完成了新闻（图书）编辑页面的制作，同时按下【Ctrl+S】组合键保存网页文件"admedit.asp"。

问题探究 19：在线编辑器（eWebEditor）编辑修改内容方法

在解决 eWebEditor 编辑器修改新闻（图书）这一类问题时，官方给出的演示方法为：

113

电子商务网站开发实务

```
<input name="N_content" type="hidden" id="N_content" value="<%=(Rec_add.Fields.Item("N_content").Value)%>" />
<iframe id="eWebEditor1" src="eWebEditor/ewebeditor.asp?id=N_content&style=s_light" frameborder="0" scrolling="No" width="550" height="350"></iframe>
```

其实这样也未尝不可，但有时会遇到一种特别的情形，即发现全部文字都跑到录入框外，而且待修改图片也消失得无影无踪，如图5-41所示。

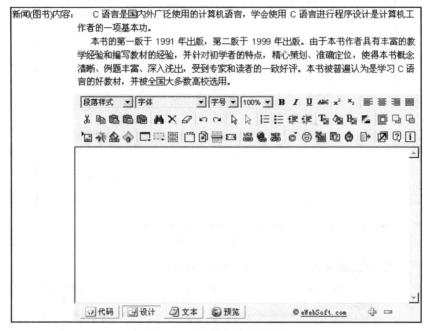

图 5-41　内容"溢出"现象

显然，这样的情形是不允许的。其实最好的方法就是将这个文本字段换成文本区域，即：

```
<textarea name="N_content" style="display:none"><%=(Rec_add.Fields.Item("N_content").Value)%></textarea>
<iframe id="eWebEditor1" src="eWebEditor/ewebeditor.asp?id=N_content&style=s_light" frameborder="0" scrolling="No" width="550" height="350"></iframe>
```

修改完程序代码，我们再次修改此页内容，就不会再出现异常现象了，如图5-42所示。

知识拓展19：ASP 网络编程方法 9——获取机器环境信息

下面介绍一下 Request 对象如何获取机器环境信息。

Request 对象能够保存从客户端发送到服务器的所有信息，这当中有一部分是客户端的机器环境信息，通过 Request 对象的 ServerVariables 集合就可以读取这些信息，从而得知客户端的环境，其语法格式如下：

Request.ServerVariables(服务器环境变量)

项目 5　开发电子商务网站后台管理系统

图 5-42　修改后的情形

或

> Request(服务器环境变量)

其中，常见的服务器环境变量如表 5-2 所示。

表 5-2　常见服务器环境变量

变　　量	功　能　说　明
ALL_HTTP	客户端发送的所有 HTTP 标题文件
SERVER_NAME	服务器的计算机名称或 IP 地址
SERVER_PORT	服务器正在运行的端口号
REQUEST_METHOD	发出 Request 的方法（GET/POST/HEAD）
SCRIPT_NAME	程序被调用的路径
REMOTE_HOST	发出 Request 请求的远端客户机（Client）的名称
REMOTE_ADDR	发出 Request 请求的远端客户机（Client）的 IP 地址
REMOTE_IDENT	发出 Request 的使用者名称（如是拨号上网，则为用户 ID）
CONTENT_TYPE	客户端发出数据的 MIME 类型，如 text/html
CONTENT_LENGTH	客户端发出数据的长度
HTTP_ACCEPT	客户端可以接收的 MIME 类型列表
HTTP_USER_AGENT	客户端发出 Request 的浏览器类型
QUERY_STRING	查询 HTTP 请求中问号 "?" 后的信息
LOGON_USER	用户登录 Windows NT 的账号

也可以用如下程序代码列示出所有的环境变量。

```
<%@LANGUAGE="VBSCRIPT"%>
<html>
<head>
<title>列出所有环境变量</title>
</head>
<body>
```

```
<table border="1">
<% for each item in request.ServerVariables%>
 <tr>
 <td><%=item%></td>
 <td><%=request.ServerVariables(item)%></td>
 </tr>
<%next %>
</table>
</body>
</html>
```

其运行结果具体如图 5-43 所示。

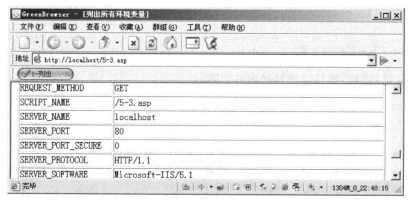

图 5-43 列出的所有环境变量

任务 5-5 制作新闻（商品）删除页面

任务引出

新闻（商品）发布系统的内容每天都要更新，在线更新主要是对新闻（商品）内容进行更新，这其中就包括对部分新闻（商品）内容的删除操作。

在本任务中，将完成"重庆曼宁网上书城"后台新闻（图书）删除页面的制作。

作品预览

打开并运行站点后台管理主页面文件"frame.html"，单击左侧"新闻删除"文本链接，进入后台新闻（图书）标题目录页面，勾选某条新闻（或图书记录），如"2009 年中国版权年会即将在京召开"，单击底部的【删除】按钮，完成新闻（或图书）记录的删除，具体预览效果如图 5-44 所示。

项目 5　开发电子商务网站后台管理系统

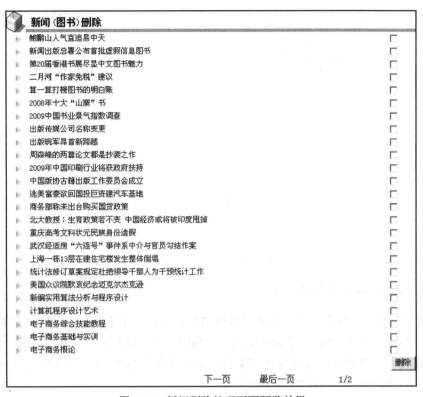

图 5-44　新闻删除处理页面预览效果

实践操作

1. 设计新闻删除页面

由于新闻删除页面与前面的新闻编辑首页页面比较相近，所以可在页面"adminedit.asp"基础上修改创建新闻删除页面。打开"adminedit.asp"页面，重新命名另存为"admindelete.asp"，修改相关版面内容，如图 5-45 所示。

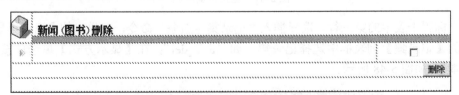

图 5-45　新闻删除处理页面预览效果

2. 创建删除记录集

在【应用程序】控制面板中，选择【绑定】→【添加】→【记录集】命令，在弹出的【记录集】对话框中进行所有删除记录集定义，具体定义如图 5-46 所示。

单击【确定】按钮，完成删除记录集"Rec_del"的定义。

电子商务网站开发实务

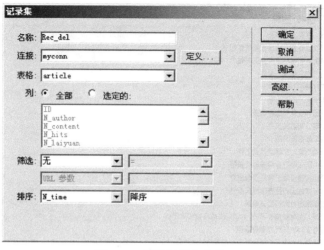

图 5-46　删除记录集定义

3. 绑定记录集并设置重复区域

在"设计"视图环境下，将光标置于相应的单元格，选择【应用程序】→【绑定】命令，将动态文本"{Rec_del.N_title}"字段绑定到单元格中；选定该表格行并单击【服务器行为】→【重复区域】命令，在弹出的【重复区域】对话框中选择记录集"Rec_del"，并设置好重复记录数为"25"，最终设置效果如图 5-47 所示。

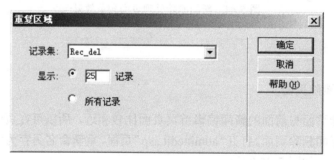

图 5-47　定义重复区域

将光标置于表中的第三行，选择插入"记录集导航条"命令，在弹出的【记录集导航条】对话框的【记录集】列表框中选择记录集，如"Rec_del"；在【显示方式】单选项按钮中选择【文本】，如图 5-48 所示。

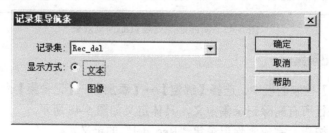

图 5-48　定义记录集导航条

单击【确定】按钮,完成记录集导航条设置,如图 5-49 所示。

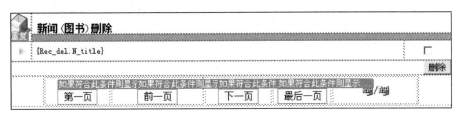

图 5-49　新闻删除页面布局效果

4. 新闻删除行为的定义

在"设计"视图环境下,选择【应用程序】→【绑定】命令,命名复选框为"d_id",并将动态文本"{Rec_del.ID}"字段绑定到复选框。

选择"form1"标签,在【属性】面板中设置表单动作为"m_id.asp",如图 5-50 所示。

图 5-50　表单动作定义

新建 ASP VBScript 页面,并命名保存为"m_id.asp"。设计并制作该页面,选择文字"请直接点这里",并指定链接文件"adminedit.asp",如图 5-51 所示。

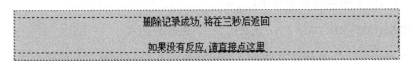

图 5-51　删除行为处理页面

为该页面设置刷新时间为 3 秒,3 秒后自动转向页面"adminedit.asp",如图 5-52 所示。

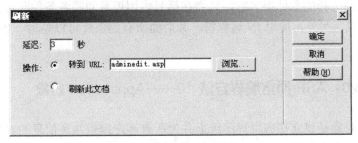

图 5-52　定义刷新时间

在页面文件"m_id.asp"中,添加"删除"命令,并设置 SQL 命令为:

DELETE FROM article
WHERE ID in(m_id)

同时,添加变量"m_id",并赋值为"request.form("d_id")",具体设置如图 5-53 所示。

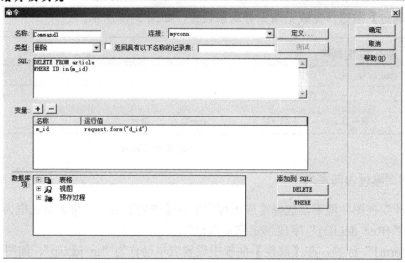

图 5-53 添加"删除"命令

至此,就完成了新闻(图书)删除页面的制作,同时按下【Ctrl+S】组合键保存网页文件。

问题探究 20:SQL 语句中 IN 的用法

在前面的 SQL 语句中用到了 IN 命令。同 BETWEEN 关键字一样,IN 的引入也是为了更方便地限制检索数据的范围,灵活使用 IN 关键字,可以用简洁的语句实现结构复杂的查询。

IN 运算符的语法格式可表示如下:

表达式 [NOT] IN (表达式 1,表达式 2 [,…表达式 n])

所有的条件在 IN 运算符后面罗列,并以括号()包括起来,条件中间用逗号分开。当要判断的表达式处于括号中列出的一系列值之中时,IN 运算符求值为 TRUE。

在大多数情况下,IN 运算符与 OR 运算符可以实现相同的功能,然而使用 IN 运算符更为简洁,特别是当选择的条件很多时,只需在括号内用逗号间隔各条件即可,其运行效率也比 OR 运算符要高。另外,使用 IN 运算符,其后面所有的条件可以是另一条 SELECT 语句,即子查询。

知识拓展 20:ASP 网络编程方法 10——Application 对象

Application 对象是建立在应用程序级上并为所有客户提供共享信息的对象,该对象所存储的信息可以被多个客户使用,并且在整个 Web 应用程序运行期间持久地保存,一个客户停止了自己的应用程序,释放了 Application 对象的共享信息后,并不影响其他客户应用。因此,在开发诸如聊天室之类多用户应用程序时,经常要利用 Application 对象实现消息发送。

Application 对象用于构建应用程序作用域变量,以便在所有连接到应用程序的客户端之间共享信息。Application 对象用于存储对所有用户都共享的信息,并可以在 Web 应用程序运行期间持久地保存数据,可以帮助计算访问站点的人数、追踪用户操作,或是为所有用户提

供特定的信息。

由于多个用户可以共享 Application 对象，所以必须要用 lock 和 unlock 方法确保多个用户无法同时改变某一属性。

虽然 Application 对象没有内置的属性，但可以使用以下语句设置用户定义的属性。

> Application（"属性|集合名称"）=值

Application 对象的集合有两个：Contents 集合及 StaticObjects 集合，默认是 Contents 集合。Contents 集合包含了 Application 存储的所有非对象变量，语法格式为：

> Application.Contents（key）=Application.（key）

其中，key 可以是字符串（变量名），也可以是整数（索引值），具体用法可参见如下示例。
（1）变量定义。

```
<%
application.Lock( )
application("str")="奥运,加油!中国加油！"
application.UnLock( )
%>
```

（2）变量调用。

```
<%
response.Write(application("str")& "<br>")
%>
```

知识梳理与总结

（1）后台管理系统管理员登录的实质是网站后台数据库读取（查询）的过程。根据管理员表单提交的用户账号和密码信息，查找数据库中是否存有相应的记录，若存在则说明系统登录成功。后台管理系统登录页面制作的要点在于"登录用户"服务器行为的使用。

（2）后台管理系统主页面制作一般使用框架技术，存在于网页的顶端或左方，并提供返回管理主页的链接。

（3）一个添加界面、一个添加插入过程，就构成了一个基本的添加插入应用。这就要求插入界面向管理员提供一个录入新记录各个字段内容的界面，并根据录入的各个项目向数据库表中插入新记录，最后返回插入页。新闻（图书）添加操作的实质在于借助"插入记录"服务器行为向网络数据库表插入信息。

（4）一个编辑界面、一个编辑更新过程，就构成了一个基本编辑更新行为的应用。新闻（图书）编辑操作的本质在于借助"更新记录"服务器行为向网络数据库编辑更新信息。

（5）一个删除界面、一个删除过程，就构成了一个基本删除行为的应用。利用数据库管理系统提供的删除语句（Delete），就可以方便地实现各种从简单到复杂的删除过程。

电子商务网站开发实务

实训 5　开发新闻发布系统

1. 实训目的

① 掌握表单插入、表单更新等服务器行为的应用；
② 掌握文件包含命令操作的应用；
③ 进一步熟悉 SQL 数据库查询语言的使用；
④ 掌握在线编辑器的使用。

2. 实训内容

1）开发需求

开发一个新闻发布系统，该新闻发布系统由前台用户系统和后台管理系统两大部分组成。其中，前台用户系统应包括会员注册/登录、新闻分类展示、新闻查询、热门新闻榜等主要功能；后台管理系统应包括管理登录、新闻管理等主要功能，具体如图 5-54 所示。

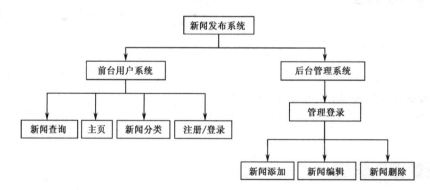

图 5-54　新闻发布系统功能结构

2）开发过程

新闻发布系统的开发内容主要包括以下几方面。

（1）数据库表的设计。
（2）动态网页开发环境的构建（如创建本地动态站点、建立站点数据库连接）。
（3）前台用户系统的开发。

① 创建显示全部新闻页面（index.asp）；
② 创建导航条文件/版权信息文件（top.asp/bottom.asp）；
③ 创建新闻搜索和热门新闻显示文件（left.asp）；
④ 创建新闻分类浏览页面（class.asp）；
⑤ 创建新闻详细浏览页面（detail.asp）；
⑥ 创建新闻搜索结果页面（result.asp）；
⑦ 创建用户注册/登录页面（register.asp/login.asp）。

（4）后台管理系统开发。

① 创建管理登录页面（admin.asp）；

② 创建密码修改页面（adminpw.asp）；

③ 会员资料修改页面的制作（member.asp）；

④ 访客访问资料页面的制作（visit.asp）；

⑤ 新闻添加页面的制作（adminadd.asp）；

⑥ 新闻编辑页面的制作（adminedit.asp）；

⑦ 新闻删除页面的制作（admindel.asp）。

项目6
开发电子商务网站在线投票系统

教学导航

在线投票系统是一种在网站上提出调查题目,由用户在线投票并对调查投票的统计结果直接显示的调查工具,也是企业利用网站低成本进行市场调查、发现潜在用户、了解消费习惯的重要手段。在本项目中,以"重庆曼宁网上书城"在线投票系统的开发为实例,内容包括投票显示页面制作、投票结果显示页面制作、投票项目编辑管理页面制作、投票项目得分清空功能设计等内容。

项目 6　开发电子商务网站在线投票系统

任务 6-1　制作投票显示页面

任务引出

投票系统一般由前台投票和后台编辑两大部分组成，它们各司其职，共同构成了一个功能比较完善的系统。而投票显示页面是在线投票系统的前台页面，即每个浏览者通过该页面实现对投票项目的选择投票。

在本任务中，将完成"重庆曼宁网上书城"前台投票显示页面的制作。

作品预览

打开并运行站点主页页面文件"index.asp"，注意观察"在线调查"栏目。可以看到，页面中罗列了 5 个投票选项，而且都处于非选中状态，具体网页的预览效果如图 6-1 所示。

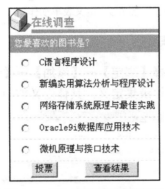

图 6-1　前台投票页面预览效果

实践操作

1．设计数据库表

启动 Access，打开"edunet.mdb"数据库，然后在数据库中创建数据表"vote"。
数据表"vote"由"ID"、"v_item"、"v_vote"3 个字段构成，其属性和说明参见表 6-1。

表 6-1　"vote"数据表的属性

字段名称	数据类型	备注说明
ID	自动编号	主键
v_item	文本	投票选项
v_vote	数字（整型）	计算投票次数

2．界面设计

打开站点动态页面文件"index.asp"，在"在线调查"栏目下设计并制作图书投票显示表

电子商务网站开发实务

单页面，选中表单单选按钮，并命名为"v_id"；在表单下方设计"投票"、"查看结果"2个按钮，并将【投票】按钮的"动作"定义为"提交表单类型"，将【查看结果】按钮的"动作"定义为"无"，投票显示页面界面如图6-2所示。

图6-2　投票显示页面界面设计

选中表单"form1"并定义"动作"为"votelist.asp"，定义"方法"为"POST"，如图6-3所示。

图6-3　定义表单动作

3．创建投票项目显示记录集

在【应用程序】面板中，选择【绑定】→【添加】→【记录集】命令，在弹出的【记录集】对话框中设置投票项目显示记录集定义，具体定义如图6-4所示。

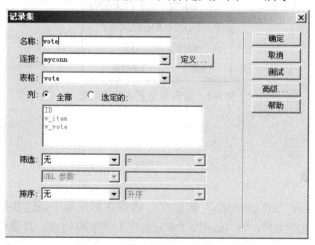

图6-4　投票项目显示记录集定义

单击【确定】按钮，完成投票项目显示记录集"vote"的定义。

4．绑定记录集并设置重复区域

在"设计"视图环境下，将光标置于表格第2行第1单元格处，将"vote"记录集中的"v_item"字段项拖到"v_id"上之后放开鼠标，完成对"v_id"单选按钮的数据绑定；将光标置于表格第2行第2单元格处，选择【应用程序】→【绑定】命令，将动态文本"{vote.v_item}"绑定到单元格中。

选中动态文本"{vote.v_item}"所在栏所有的单元格,选择【服务器行为】→【重复区域】命令,在弹出的【重复区域】对话框中设置好重复记录数为"所有记录",如图 6-5 所示。

图 6-5 记录集重复区域定义

单击【确定】按钮,完成重复区域设置。

5. 定义"查看结果"页面链接

选中【查看结果】按钮,选择【标签】→【行为】命令,在弹出的下拉菜单中选择【转到 URL】命令;在弹出的【转到 URL】对话框中定义"URL"为"votelist.asp",具体设置如图 6-6 所示。

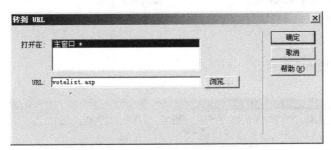

图 6-6 "转到 URL"对话框

单击【确定】按钮,完成"查看结果"页面链接设置。

这样,就完成了前台投票显示页面的制作。最后,按下【Ctrl+S】组合键保存页面文件。

问题探究 21:"转到 URL"行为应用方法

在前面,单击【查看结果】按钮后,系统将会自动打开查看投票结果页面。而这里采用的是"转到 URL"行为动作,"转到 URL"行为动作的主要作用就是在当前窗口或指定的框架中打开一个新页,此操作尤其适用于通过一次单击更改两个或多个框架的内容。

知识拓展 21:ASP 网络编程方法 10——Lock 和 Unlock 方法

下面介绍 Application 对象的方法。

Application 对象有两种方法,它们都是用于处理多个用户对存储在 Application 中的数据进行写入的问题。

1. Lock 方法

Lock 方法用来锁定 Application 对象,以避免其他用户修改存储在 Application 对象中的变量,以确保在同一时刻仅有一个客户端可修改和存取 Application 变量。如果没有调用 Unlock 方法,则服务器将在执行完当前 ASP 文件或脚本超时后才会解除对 Application 对象的锁定。

2. Unlock 方法

和 Lock 方法相反,Unlock 方法用来解除对 Application 对象的锁定,之后其他客户端就可以修改 Application 变量了。

下面通过一个例子说明如何用 Application 对象记录网站的访问次数。

```
<%
application.lock                                    '锁定 Application 对象
application("n")=application("n")+1                 '累加访问次数记录到 Application 对象的变量中
application.unlock                                  '解除 Application 对象的锁定
response.Write("您是本页的第")
response.Write(application("n"))                    '输出访问计数
response.Write("位访客")
%>
```

其运行结果如图 6-7 所示。

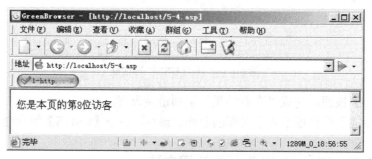

图 6-7 简单网页计数器

任务 6-2 制作投票结果显示页面

任务引出

投票结果显示页面用于显示最终的投票结果。可以用图像直方图和数字两种形式显示当前每个投票项目的投票情况,同时还显示总的投票数。

在本任务中,将完成"重庆曼宁网上书城"前台投票结果显示页面的制作。

项目6 开发电子商务网站在线投票系统

作品预览

打开并运行站点主页面文件"index.asp",单击"在线调查"栏目下的【查看结果】按钮,在弹出的页面中显示了当前的投票结果,显示内容包括投票选项、投票百分比示意图,以及每个投票项目的得票比例和得票数,具体网页的预览效果如图6-8所示。

投票结果			
投票选项	投票百分比示意图	百分比	投票数
C语言程序设计		22%	7
新编实用算法分析与程序设计		9%	3
网络存储系统原理与最佳实践		9%	3
Oracle9i数据库应用技术		16%	5
微机原理与接口技术		41%	13

图6-8 投票结果显示页面的预览效果

实践操作

1. 设计投票结果显示页面

新建 ASP VBScript 页面,设计并制作投票结果显示页面,并命名保存为"votelist.asp",并在表格第2个单元格中插入图片文件"vote.gif",如图6-9所示。

投票结果			
投票选项	投票百分比示意图	百分比	投票数

注:共有 人参加了本次图书调查

图6-9 投票结果显示页面

2. 创建记录集

在【应用程序】面板中,选择【绑定】→【添加】→【记录集】命令,在弹出的【记录集】对话框中设置投票项目显示记录集定义,具体定义如图6-10所示。

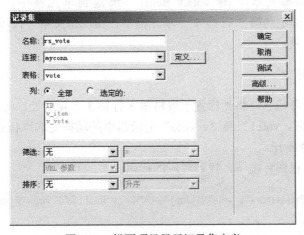

图6-10 投票项目显示记录集定义

单击【确定】按钮，完成投票项目显示记录集"rs_vote"的定义。

按照同样的方法，可完成投票数汇总记录集"v_total"的定义，如图6-11所示。

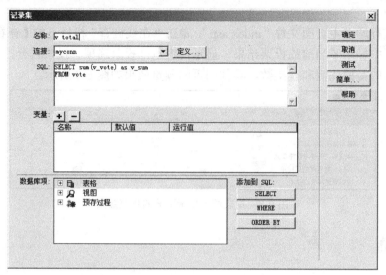

图6-11 投票数汇总记录集定义

在该窗口中设置 SQL 代码如下：

```
SELECT sum(v_vote) as v_sum
FROM vote
```

上面的 SQL 代码中，借助 SUM( )函数计算合计量，后面的"as"主要用于将前面计算的合计结果用一个新的"v_sum"字段输出。

单击【确定】按钮，完成投票数汇总记录集的定义。

3．绑定动态数据

在"设计"视图环境下，将光标置于表格第 3 行第 1 单元格处，选择【应用程序】→【绑定】命令，将动态文本"{rs_vote.v_item}"绑定到单元格中；同理，将动态文本"{rs_vote.v_vote}" 绑定到第 3 行第 4 个单元格中，将动态文本"{v_total.v_sum}"绑定到表格第 4 行的相应位置。

4．定义投票百分比

在"设计"视图环境下，将光标置于表格第 3 行第 3 单元格处，将"rs_vote"记录集中的动态文本"{rs_vote.v_vote}"及"v_vote"记录集中的动态文本"{v.v_sum}"绑定到单元格中，中间用"/"号隔开。

切换到"代码"视图环境下，找到对应的代码：

```
<%=(rs_vote.Fields.Item("v_vote").Value) %>/<%= (v_total.Fields.Item("v_sum").Value)%>
```

并修改代码如下：

```
<%=int(((rs_vote.Fields.Item("v_vote").Value)/(v_total.Fields.Item("v_sum").Value))*100)%>%
```

此代码的含义是将某一选项的投票数除以总投票数并乘以 100，即得到某一投票数所占的百分比。

5．定义投票百分比直方图

在"设计"视图环境下，选中图片"vote.gif"，将光标置于"width="50""的"50"位置处，删除文字"50"并用以下代码替换：

```
<%=int(((rs_vote.Fields.Item("v_vote").Value)/(v_total.Fields.Item("v_sum").Value))*100)%>%
```

将代码中的"*100"改成"*300"，即指当百分比为 100%时，图片最长为 300 像素。

6．设置重复区域

选中动态文本"{rs_vote.v_item}"所在栏的所有单元格，选择【服务器行为】→【重复区域】命令，在弹出的【重复区域】对话框中设置好重复记录数为"所有记录"，如图 6-12 所示。

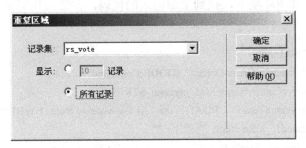

图 6-12　记录集重复区域定义

单击【确定】按钮，完成重复区域设置。

7．投票提交功能设计

切换到"代码"视图环境下，找到对应的代码：

```
<!--#include file="Connections/myconn.asp" -->
```

在上面的代码下面输入如下代码：

```
<%
if(request("v_id") <> "") then Command1__vote_item = request("v_id")
%>
<%
set Command1 = Server.CreateObject("ADODB.Command")
Command1.ActiveConnection = MM_myconn_STRING
Command1.CommandText = "UPDATE vote  SET v_vote =v_vote+1 WHERE v_item ='" +
Replace(Command1__vote_item, "'", "''") + "'"
```

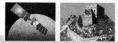

```
Command1.CommandType = 1
Command1.CommandTimeout = 0
Command1.Prepared = true
Command1.Execute()
%>
```

以上代码的含义即指当选择某选项并提交后,即会更新数据表"vote"中指定字段"v_vote"的值,其中每执行 1 次,字段值自动加 1。

最后,按下【Ctrl+S】组合键保存页面文件。

问题探究 22:防止重复投票应用方法

按上面的做法,浏览者反复选择选项并多次提交,就会实现投票数自动增加,这显然不符合设计者的初衷。因此,如何防止重复投票,也是必须要解决的一个核心。下面我们就提供一种解决这类问题的方法。

切换到"代码"视图环境下,找到上面输入的代码,并修改代码如下:

```
<%
if session("ok")<>1 then
set Command1 = Server.CreateObject("ADODB.Command")
Command1.ActiveConnection = MM_myconn_STRING
Command1.CommandText = "UPDATE vote   SET v_vote =v_vote+1 WHERE v_item ='" +
Replace(Command1__vote_item, "'", "''") + "'"
Command1.CommandType = 1
Command1.CommandTimeout = 0
Command1.Prepared = true
Command1.Execute()
session("ok")=1
end if
%>
```

这段代码的实现原理比较简单:当第 1 次提交计算票数时,首先会判断 session("ok")这个值是否等于 1,不等于 1 即会执行后面的程序。换句话说,在某计算机上第 1 次提交选票时自然不会等于 1,因此会自动执行后面的命令程序。接下来,我们定义 session("ok")等于 1,这样浏览器中就已经存储了这个变量值。当我们马上重新提交时,程序会自动检测出 session("ok")已经等于 1,也就不会执行后面自动加 1 计数的功能了。

知识拓展 22:ASP 网络编程方法 11——Application 对象事件

下面介绍一下 Application 对象事件。

项目 6　开发电子商务网站在线投票系统

事件是一种程序运行机制。其特点是,当某种情况发生,就会执行一段代码,且这段由特定事情发生而执行的代码必须放在 Global.asa 文件中,且应置于网站根目录下。

在 Application 对象中主要包含两个事件:Application_OnStart 和 Application_OnEnd 事件。

1. Application_OnStart 事件

当一个站点开通之后,第一个用户连接到该站点时,就触发了 Application_OnStart 事件,也就是说,Application_OnStart 事件在首次创建新的会话(即 Session_OnStart 事件,将在下一节介绍)之前发生。Application_OnStart 事件的处理过程必须写在 Global.asa 文件中。Application_OnStart 事件的语法如下:

```
< SCRIPT   LANGUAGE=ScriptLanguage RUNAT=Server>
Sub Application_OnStart
　…
End Sub
</SCRIPT>
```

2. Application_OnEnd

当网站关闭或是在一定时间之内(默认是 20 分钟)没有用户访问站点时,就触发了 Application_OnEnd 事件。Application_OnEnd 事件在 Session_OnEnd(将在后面介绍)事件之后发生,Application_OnEnd 事件的处理过程也必须写在 Global.asa 文件中。

任务 6-3　制作投票项目编辑管理页面

任务引出

在前台投票显示页面和前台投票结果页面中,每个具体的投票项目都是在后台管理页面中生成。在线投票系统还必须具备后台编辑投票项目的功能,以满足对投票项目更新和管理的需要。

在本任务中,将完成"重庆曼宁网上书城"后台投票项目编辑管理页面的制作。

作品预览

打开并运行站点主页面文件"index.asp",进入后台管理登录窗口,输入用户名"admin"、密码"admin",单击【登录】按钮,打开并运行站点后台管理主页面文件"frame.html",单击左侧"投票管理"文本链接,进入后台投票管理页面,编辑修改某投票项目,如修改"C 语言程序设计"为"管理信息系统",单击【修改】按钮确认编辑修改,然后返回主页面查看变化效果,同时单击【查看结果】按钮查看投票结果页面中投票项目的变化,如图 6-13 所示。

电子商务网站开发实务

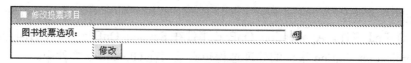

图 6-13 投票项目编辑预览效果

实践操作

1. 设计投票项目编辑页面

新建 ASP VBScript 页面，设计并制作投票项目修改表单页面，并命名保存为"votedit.asp"；同时，插入一个隐藏文本框并命名为"v_id"，命名文本框为"v_item"，具体效果如图 6-14 所示。

图 6-14 投票项目编辑页面设计

2. 创建记录集

在【应用程序】面板中，选择【绑定】→【添加】→【记录集】命令，在弹出的【记录集】对话框中设置投票修改项目显示记录集定义，如图 6-15 所示。

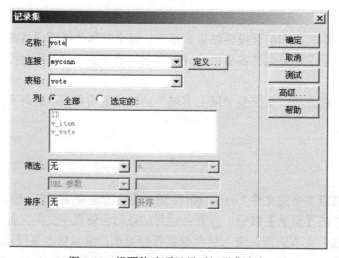

图 6-15 投票修改项目显示记录集定义

单击【确定】按钮，完成投票修改项目显示记录集"vote"的定义。

项目6　开发电子商务网站在线投票系统

3．绑定记录集并设置重复区域

在"设计"视图环境下，将"vote"记录集中的"v_item"字段项拖到"v_item"上之后放开鼠标，完成对"v_item"文本框的数据绑定；将"vote"记录集中的"ID"字段项拖到"v_id"上之后放开鼠标，完成对"v_id"单选按钮的数据绑定。

选中动态文本"{vote.v_item}"所在栏的所有单元格，选择【服务器行为】→【重复区域】命令，在弹出的【重复区域】对话框中设置好重复记录数为"所有记录"，如图 6-16 所示。

图 6-16　记录集重复区域定义

单击【确定】按钮，完成重复区域设置。

4．更新记录

在"设计"视图环境下，在【应用程序】面板中，选择【服务器行为】→【添加】→【更新记录】命令，在弹出的【更新记录】对话框中完成更新记录基本参数定义，如图 6-17 所示。

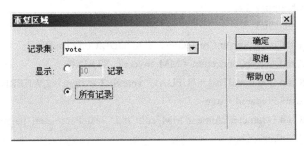

图 6-17　数据更新定义

单击【确定】按钮，完成对更新记录服务器行为的定义。

应用更新记录服务器行为后，将系统自动生成的名称为"MM_recordId"的隐藏域选中并将其删除。

我们还需要对以上操作进行修改完善,以实现对指定多个数字字段值的更新。具体修改代码如下：

```
<%
v_item=split(request("v_item"),",")
v_id=split(request("v_id"),",")
If (CStr(Request("MM_update")) = "form1") Then
  If (Not MM_abortEdit) Then
    ' execute the update
    for i=0 to ubound(v_item)
    Dim MM_editCmd
    Set MM_editCmd = Server.CreateObject ("ADODB.Command")
    MM_editCmd.ActiveConnection = MM_myconn_STRING
    MM_editCmd.CommandText = "UPDATE vote SET v_item = ? WHERE ID = ?"
    MM_editCmd.Prepared = true
    MM_editCmd.Parameters.Append MM_editCmd.CreateParameter("param1", 202, 1, 255, v_item(i)) ' adVarWChar
    MM_editCmd.Parameters.Append MM_editCmd.CreateParameter("param2", 5, 1, -1, MM_iif(v_id(i),v_id(i), null)) ' adDouble
    MM_editCmd.Execute
    MM_editCmd.ActiveConnection.Close
    next
  End If
End If
%>
```

以上黑体部分即为代码修改部分。

以上代码主要实现的功能是,通过获取并分解表单变量的值,将其用于作为记录更新的新值和记录筛选条件,通过循环步进函数实现对指定数据行字段值的更新。

5. 制作投票项目编辑管理链接页面

打开前面已制作好的"menu.asp"页面,添加项目"投票管理"并为该项目添加链接"votedit.asp",目标选中为"mainFrame",如图 6-18 所示。

图 6-18 投票项目编辑管理链接页面

为安全起见,我们还应限制对非管理员对投票管理的操作。

最后,按下【Ctrl+S】组合键保存页面文件。

项目 6　开发电子商务网站在线投票系统

问题探究 23：隐藏域应用方法

在前面，我们用到了隐藏域，这个隐藏域究竟起到了什么作用呢？下面我们来介绍隐藏域在本任务中的作用。

简单地说，将数据字段"ID"绑定到隐藏域中，就是利用该字段来作为对指定投票项目更新的依据。

在程序代码中，函数"split（request（"v_id"），","）"用于将名称为"v_id"的隐藏域控件中的值进行分离，并且将被分离的个体以数组形式存放于数组变量"v_id"中。

知识拓展 23：ASP 网络编程方法 12——Session 对象

我们在访问 Web 页面时，经常利用超级链接从一个页面转到另外一个页面，但这样会带来一个问题，即页面跳转时也会自动清除 Web 页面访问者存储在 Web 页面中特定的用户会话信息（如 ID 号、姓名、密码等）。因此，我们有必要介绍一下 Session 对象。

Session 对象是一个与 Application 对象具有相近作用的 ASP 内建对象，不同之处在于 Application 对象存储的是所有浏览器端共享的变量，而 Session 对象存储的是与个别某个浏览器端进行会话的专用变量。也就是说，可以使用 Session 对象存储特定的用户会话所需的信息，而且当用户在应用程序的页面之间跳转时，存储在 Session 对象中的变量不会清除；当用户请求来自应用程序的 Web 页面时，如果该用户还没有会话，则 Web 服务器将自动创建一个 Session 对象，当会话过期或被放弃后，服务器将终止该会话。

需要注意的是，Session 对象需要有支持 Cookies 的浏览器配合，如果客户端禁止了 Cookies，Session 对象也不能使用。

任务 6-4　设计投票项目得分清空功能

任务引出

在变更投票项目、投票时段结束等特定情况下，投票得分必须要重置清零，以满足投票计分的需要。

在本任务中，将完成"重庆曼宁网上书城"后台投票项目得分清空功能设计。

作品预览

打开并运行站点主页面文件"index.asp"，进入后台管理登录窗口，输入用户名"admin"、密码"admin"，单击【登录】按钮，打开并运行站点后台管理主页面文件"frame.html"，单击左侧"投票管理"文本链接，进入后台投票管理页面，单击【投票得分清零】按钮清零投票得分；同时，打开数据库表"vote"查看各投票项目的得分情况，如图 6-19 所示。

电子商务网站开发实务

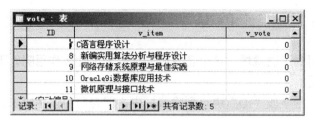

图 6-19　投票项目得分清空预览效果

实践操作

1. 设计投票项目清零页面

打开投票项目编辑页面"votedit.asp"；在表单下方增加"投票得分清零"普通按钮，具体效果如图 6-20 所示。

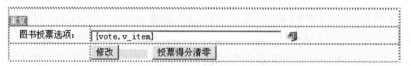

图 6-20　投票项目清零页面

2. 为按钮添加链接页面

选中【投票得分清零】按钮，在【行为】面板中为其添加一个【打开浏览器窗口】行为，具体定义如图 6-21 所示。

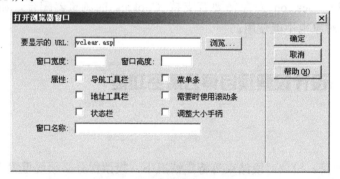

图 6-21　"打开浏览器窗口"定义

单击【确定】按钮，完成"打开浏览器窗口"行为的定义。

3. 创建投票项目得分清零页面

新建 ASP VBScript 页面，命名保存为"vclear.asp"，选择【服务器行为】→【添加】→【命令】命令，在弹出的【命令】对话框中输入下面的 SQL 语句，如图 6-22 所示。

```
UPDATE vote
SET v_vote =0
```

项目 6　开发电子商务网站在线投票系统

图 6-22　清零命令定义

单击【确定】按钮，完成清零命令定义。

更新命令设置完成后，切换到"代码"视图环境下，将系统自动生成的代码删除，其代码为：

```
<%
Dim Command1__@@varName@@
Command1__@@varName@@ = "@@defaultValue@@"
If (@@runtimeValue@@ <> "") Then
   Command1__@@varName@@ = @@runtimeValue@@
End If
%>
```

同时，为页面设置自动刷新转向页面，如图 6-23 所示。

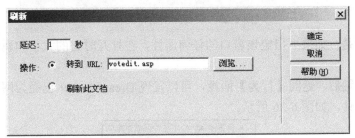

图 6-23　刷新页面定义

最后，按下【Ctrl+S】组合键保存页面文件。

问题探究 24："打开浏览器窗口"行为应用方法

单击【投票得分清零】按钮后，将以弹出窗口的方式打开页面文件"vclear.asp"。使用"打开浏览器窗口"动作可在一个新的窗口中打开 URL。用户可以指定新窗口的属性（包括其大小)、特性(它是否可以调整大小、是否具有菜单栏等)和名称。下面简要介绍一下"打开浏览器窗口"行为的操作步骤。

(1)打开 Dreamweaver,设计、制作打开窗口页面文件,并命名为"intr.htm",具体显示如图 6-24 所示。

图 6-24 窗口页面

(2)打开网页文件,单击选中页面窗口底部的<body>标签,在【行为】面板中选择【打开浏览器窗口】命令,在弹出的【打开浏览器窗口】对话框中进行相关属性设置,如图 6-25 所示。

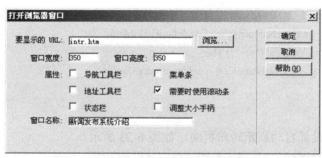

图 6-25 设置弹出窗口的属性

需要注意的是,如果不指定该窗口的任何属性,在打开时它的大小和属性将与打开它的窗口相同。

(3)完成设置后,返回【行为】面板,可以发现 Dreamweaver 已经为网页添加了"打开浏览器窗口"事件,如图 6-26 所示。

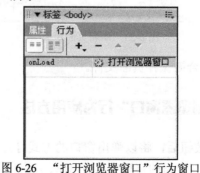

图 6-26 "打开浏览器窗口"行为窗口

（4）保存网页文件，按【F12】键预览网页，我们会发现在启动网页文件的同时将也会自动打开窗口页面文件 "intr.htm"，具体效果如图 6-27 所示。

图 6-27 弹出窗口效果

知识拓展 24：ASP 网络编程方法 13——Session 对象的数据集合

下面来介绍一下 Session 对象的数据集合。

与 Application 内建对象相同，Session 对象包括 Contents 和 StaticObject 两个数据集合，默认是 Contents 集合，Contents 数据集合包括所有没有使用<OBJECT>元素定义的、存储于特定 Session 对象的所有变量的集合，其语法格式如下：

Session.Contents(key)= Session.(key)

下面通过一个例子说明如何用 Session 对象保存和获取信息。

```
<%
dim content(4)
session("title")="春晓"
content(1)="春眠不觉晓"
content(2)="处处闻啼鸟"
content(3)="夜来风雨声"
content(4)="花落知多少"
session("content")=content          'Session 变量的定义
%>
<%
response.Write(session("title")&"<br>")
contents=session("content")         'Session 变量的调用
for i=1to 4
response.Write(content(i)&"<br>")   'Session 变量内容的显示
next
%>
```

其运行结果如图 6-28 所示。

图 6-28 Session 对象保存和获取信息

知识梳理与总结

（1）投票显示页面是在线投票系统的前台页面，主要用于显示具体的投票项目内容，并提供选择项。

（2）投票结果显示多以图像直方图和数字两种方式显示具体每个投票项目的投票情况。投票结果显示页面制作的要点在于直方图图像的处理。

（3）投票项目编辑主要是对当前投票内容进行修改，并将修改的结果提交到数据库中。投票项目编辑管理页面制作要点在于"更新记录"服务器行为的应用。

（4）投票项目编辑可改变投票项目内容，若重新投票计票的话，还需清空投票项目得分。投票项目清空操作反映到具体数据库操作上，就是将相关数据库表字段所有值清零。

实训 6 开发企业网站

1．实训目的

（1）掌握行业企业网站的开发要点；
（2）掌握行业企业网站的开发整体流程和技能。

2．实训内容

以个人为单位，综合运用电子商务网站建设的知识，策划、建立某一特定类型的企业网站或者某一特定产品的宣传网站，要求该网站能基本满足该类型企业的某些需求或达到宣传某一产品的目的，如要能展示公司或产品的相关信息、宣传企业形象与产品性能。在网站设计和开发过程中，可以采用网络素材，技术以静态技术为主，并结合动态技术的应用。

要求开发的网站至少要有五个栏目，可根据企业实际情况定制，推荐以下栏目。

（1）网站首页：包含公司的标志性图标或图片，充分展示企业形象；
（2）公司介绍：宣传公司背景、整体形象、经营业绩、宏伟蓝图、公司新闻等；
（3）信誉认证：展示公司的营业执照、荣誉证书等，增强公司的品牌和资信；
（4）产品展示：陈列展示公司产品的图片和文字信息，实现初步的网络营销；

（5）信息反馈：设置客户留言功能，及时获取更详细准确的客户意见和信息，企业可在线查看、管理，实现与客户交互。（最低要求是设置在线反馈表单，将客户的反馈内容发送到公司电子邮箱中。）

（6）人才招聘：刊登公司招聘启示，招聘公司所需求的人才；

（7）联系方法：陈列公司名称、地址、联系人、电话、传真、E-mail 信箱、网址。

具体要求每一个栏目至少使用一张独立的网页，文字描述与图片展示合理地组合在一起，达到图文并茂的宣传效果。

项目 7

开发电子商务网站
在线购物车

教学导航

　　购物车在电子商务站点中的作用同商场中的手推车非常相似,不同的是,顾客只需要在浏览商品时用鼠标点击,就可将商品添加到购物车里面,并可随时查看购买商品的数量、单价、运费和总金额。目前,购物车已成为电子商务网站的核心功能。在本项目中,借助购物车相关插件为"重庆曼宁网上书城"成功开发了一个购物车系统,其开发过程包括安装购物车相关插件、制作放入购物车页面、制作购物车内容处理页面、制作客户信息页面、制作购物车及客户信息存储页面、制作购物车订单显示页面等内容。

项目 7 开发电子商务网站在线购物车

任务 7-1 安装购物车相关插件

任务引出

购物车的开发技术有多种,网站上实现购物车功能主要通过 Session、数据库和 Cookies 等几种形式。在本项目中,我们将借助现成的购物车相关插件来实现购物车系统的开发,大大简化了开发难度。

在本任务中,主要完成"重庆曼宁网上书城"购物车系统开发所需插件 CharonCart_v202、CharonCartPatch_MX(所需插件可在"http://www.charon.co.uk"站点中下载)的安装。

作品预览

启动 Dreamweaver,按下【Ctrl+F10】组合键打开【绑定】选项,并单击【添加】按钮,注意观察弹出的【绑定】菜单项中多了"Charon Cart"子菜单项;同时,按下【Ctrl+F9】组合键打开【服务器行为】选项,并单击【添加】按钮,注意观察弹出的【服务器行为】→【Charon Cart】菜单项列示了多项二级子菜单项,具体如图 7-1 所示。

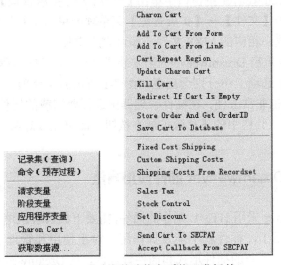

图 7-1 成功安装购物车系统开发插件

实践操作

在安装插件 CharonCart_v202、CharonCartPatch_MX 两个插件时,应注意安装的先后顺序,先安装 CharonCart_v202.mxp 插件,后安装 CharonCartPatch_MX.mxp 插件。

先后双击插件 CharonCart_v202.mxp、CharonCartPatch_MX.mxp,启动插件管理器(Extension Manager)进行安装,如图 7-2 所示。

电子商务网站开发实务

```
开/关  已安装的扩展                          版本      类型
 ✓    Average Distribute                  1.0.2    命令
 ✓    Banner Image Builder                2.0.0    命令
 ✓    Charon Cart                         2.0.2    套件
 ✓    Charon Cart Patch for MX            1.0.0    服务器行为
 ✓    CourseBuilder for Dreamweaver       4.4.9    套件
```

图 7-2 "插件管理器"窗口

从图 7-2 中可看出已经安装了 5 个不同的插件，选中某个插件，就可以在下面窗口中看到关于该插件的功能和类型说明，如图 7-3 所示。

```
Charon cart set of server behaviors.

The behaviors allow developers to e-commerce enable their websites easily.

The support material for this extension can be downloaded from
http://www.charon.co.uk/CharonCart.

The support material is a zip file that contains help files, a database and ASP
files for a completed Ecommerce store.

Access this extension by choosing:
Server Behaviors >> Charon Cart >> behavior name
```

图 7-3 插件功能和类型说明

用户也可以在 Dreamweaver 主窗口中单击【命令】→【扩展管理】菜单项，在弹出的【插件管理器】窗口中单击【文件】→【扩展管理】菜单项或单击工具栏中的【安装新扩展】按钮，在弹出的窗口中选中相应的 MXP 文件，即可完成安装。

完成安装后，需要重启 Dreamweaver。当安装成功后，在【应用程序】控制面板中的【绑定】及【服务器行为】选项卡中分别会出现如图 7-1 所示的命令项。

MXP 插件的卸载也非常方便，在插件管理器中选择要卸载的插件，然后单击【文件】→【移除扩展】菜单项或工具栏中的【移除扩展】按钮，即可完成卸载。

问题探究 25：Dreamweaver 插件应用方法

早期的 Dreamweaver 采用 HTML 制作的插件，需要下载后解压缩到相应的目录中才能使用，如果解压缩目录错了，插件就不能发挥作用，对于使用和管理非常不方便，鉴于此，Macromedia 公司开发出了新的插件形式和插件管理器，从 Dreamweaver 4 开始，Macromedia 公司对插件的封装形式采用了新的方法，对插件采用特殊的方法制作和压缩，以 MXP 作为插件的后缀名，并且在 Dreamweaver 中集成了一个插件管理器（Extension Manager），专门用来管理 MXP 插件，极大地方便了用户安装和使用插件。即使是一个初学者，也不会出现安装不上插件的情况了。

在 Dreamweaver 中，有些插件特别是服务器行为类插件的安装要注意安装的先后顺序。如果已经出现了错误，那么建议先删除整个 Dreamweaver，再重新安装，并按正确顺序安装插件。

项目 7　开发电子商务网站在线购物车

知识拓展 25：ASP 网络编程方法 14——Timeout 和 SessionID 属性

下面来介绍一下 Session 对象的对象属性。

1. Timeout 属性

Session 对象的 Timeout 属性主要用来指定用户操作的失效时间。如果用户在该失效时限之内未继续操作网页，则当前 Session 会失效，Session 中存储的信息也会删除；不过，如果用户有任何改变网页的动作时，Timeout 将会自动归零。Timeout 以分钟为时间单位，其默认值是 20 分钟，该时间既可以根据实际情况在 IIS 中重新设置，也可以通过代码指定。不过，建议不宜设置过长时间，以减少服务器耗用资源。其语法格式如下：

```
Session.Timeout =分钟数
```

2. SessionID 属性

SessionID 是每个 Session 的代号，它由服务器产生。每一位用户都拥有其专属 ID 的 Session 对象，并且只允许 Session 的拥有者使用；因此，即使在 Web 服务器上同时有多个用户同时执行相同的 ASP 程序，在这些用户之间的 Session 对象内容，都不允许其他的用户使用。SessionID 用法如下：

```
变量（长整数）= Session.SessionID
```

任务 7-2　制作放入购物车页面

任务引出

放入购物车页面的主要任务就是将当前选中的商品添加到购物车中，而且对于已经添加到购物车中的商品，将无法再将其添加到购物车中，而只能通过购物车页面来实现购买商品数量的变更。放入购物车页面的制作是实现购物车功能的前提。

在本任务中，将为"重庆曼宁网上书城"所有图书页面添加"放入购物车"链接，并完成放入购物车页面制作。

作品预览

打开并运行站点主页面文件"index.asp"，任意打开一本图书链接，如"管理信息系统"；接下来，单击页面底部的【放入购物车】按钮，当前页面中的图书将导向购物车页面"cartshopping.asp"（将在后面介绍制作方法），具体网页的预览效果如图 7-4 所示。

电子商务网站开发实务

图 7-4 放入购物车页面的预览效果

实践操作

1．设计数据库表

启动 Access，打开"edunet.mdb"数据库，然后在数据库中创建数据表"Orders"。

数据表"Orders"由"OrderID"、"Sub Total"等 10 个字段构成，其属性和说明参见表 7-1。

表 7-1 "Orders"数据表的属性

字段名称	数据类型	备注说明
OrderID	自动编号	订单编号
SubTotal	货币	未加运费的购物金额
Shipping	货币	运费
GrandTotal	货币	加入运费的购物金额
CustomerName	文本	顾客姓名
CustomerEmail	文本	顾客电子邮件
CustomerAddress	文本	地址
CustomerPhone	文本	联系电话
paytype	文本	付款方式
TimeKey	文本	日期序列文字

2. 在图书详细信息页面制作"放入购物车"链接

（1）打开"showdetail.asp"页面文件，并在其内容底部添加图片文件"addcart.gif"，如图 7-5 所示。

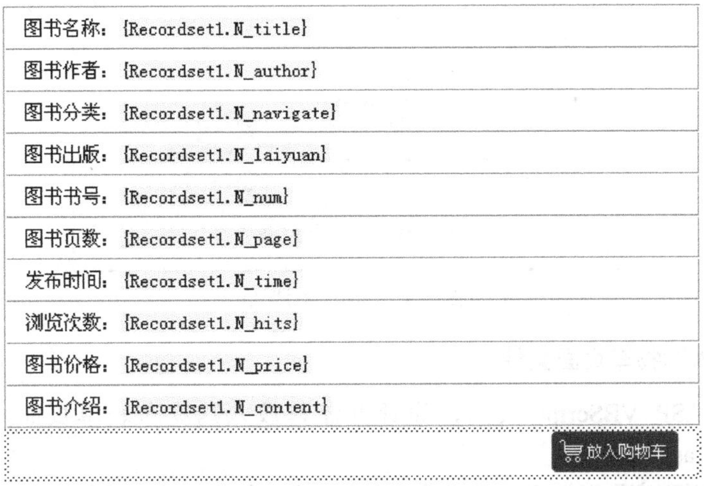

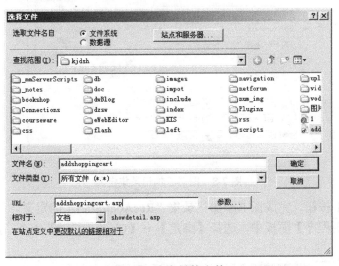

图 7-5 添加图片文件

（2）选中图片文件"addcart.gif"，单击【属性】面板上的【链接文件夹】按钮，指定链接文件名"addshoppingcart.asp"，如图 7-6 所示。

图 7-6 定义链接文件

（3）在图中单击【参数】按钮，并输入参数名称"ID"，单击【动态值】按钮，选取记录集"Recordset1"的"ID"列，如图 7-7 所示。

单击【确定】按钮，完成动态传递数据参数的设置。

最后，按下【Ctrl+S】组合键保存页面文件。

电子商务网站开发实务

图 7-7 绑定"ID"值

3．制作放入购物车页面文件

（1）新建 ASP VBScript 页面，设计并制作放入购物车表单页面，并命名保存为"addshoppingcart.asp"。

（2）在【应用程序】面板中，选择【绑定】→【添加】→【记录集】命令，在弹出的【记录集】对话框中进行图书添加记录集定义，如图 7-8 所示。

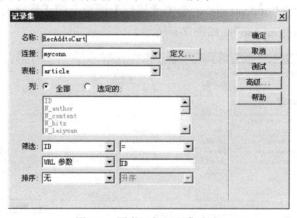

图 7-8 图书添加记录集定义

单击【确定】按钮，完成图书添加记录集"RecAddtoCart"的定义。

（3）在【应用程序】面板中，选择【绑定】→【Charon Cart】命令，按图 7-9 所示定义购物车记录集。

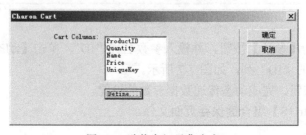

图 7-9 购物车记录集定义

项目7 开发电子商务网站在线购物车

在"Charon Cart"记录集中,默认有5个购物车基本字段,"ProductID"代表商品编号;"Quantity"代表商品购买数量;"Name"代表商品名称;"Price"代表商品价格;"UniqueKey"代表主键值,以上5个字段不可删除和修改,如需要将其他信息加入购物车中,可以单击【Define】按钮加入其他字段。

单击【确定】按钮,完成"Charon Cart"记录集的定义,返回【绑定】选项卡即可以查看到已创建的"Charon Cart"记录集,如图7-10所示。

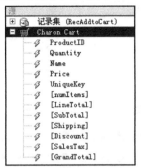

图7-10 完成购物车记录集定义

（4）在【应用程序】面板中,选择【服务器行为】→【添加】→【Add To Cart From Link】命令,完成商品加入到购物车操作,各字段定义如图7-11、图7-12、图7-13、图7-14、图7-15所示。

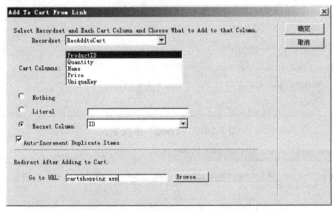

图7-11 "ProductID"字段定义

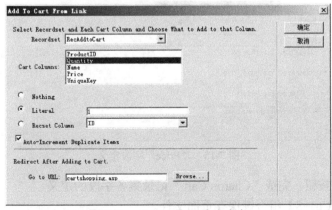

图7-12 "Quantity"字段定义

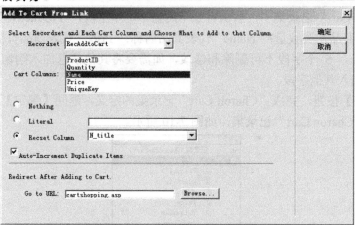

图 7-13 "Name"字段定义

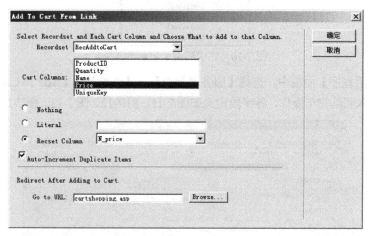

图 7-14 "Price"字段定义

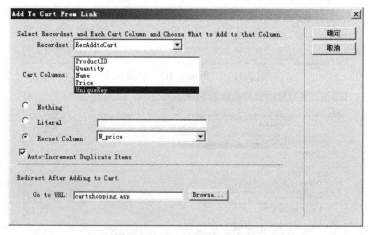

图 7-15 "Price"字段定义

单击【确定】按钮，完成"Charon Cart"记录集各字段的定义。

最后，按下【Ctrl+S】组合键保存页面文件。

项目 7　开发电子商务网站在线购物车

问题探究 26：购物车两种商品添加模式的比较

在 Charon 购物车中，有两种方式可将商品加入购物车中，第一种是通过超级链接加入，即"Add To Cart From Link"；第二种是通过表单加入，即"Add To Cart From Form"。二者的区别在于，使用超级链接加入，在一个页面中可有多个加入购物车链接；使用表单加入，一个页面中只能有一个加入购物车链接。

知识拓展 26：ASP 网络编程方法 15——Session 对象方法和对象事件

下面来介绍一下 Session 对象的对象方法和对象事件。

1. Session 对象方法

除了可以通过设置 Session 对象的 Timeout 属性来控制会话的结束时间之外，还可以通过 Session 对象的 Abandon 方法来强制会话立刻结束。其语法格式如下：

> Session.Abandon

Abandon 方法删除所有存储在 Session 对象中的对象，并释放这些对象的资源。服务器删除 Session 对象后将无法再取得其中的变量值，同时 Session_OnEnd 事件将一起被激活。

2. Session 对象事件

和 Application 对象的事件类似，Session 对象也有 Session_OnStart 和 Session_OnEnd 事件，当一个用户进入站点时，就触发 Session_OnStart 事件，而如果用户在站点中一段时间（默认是 20 分钟）之内没有进行任何操作，就触发 Session_OnEnd 事件。Session_OnStart 和 Session_OnEnd 事件处理过程必须写在 Global.asa 文件中，如 Session_OnStart 事件的语法如下：

```
< SCRIPT   LANGUAGE=ScriptLanguage RUNAT=Server>
Sub Session_OnStart
   … …
End Sub
< /SCRIPT>
```

对于 Application_OnStart、Application_OnEnd、Session_OnStart、Session_OnEnd 四个事件处理的次序，我们下面做个简单比较。

(1) Application_OnStart：当第一个用户第一次访问网站的网页时发生；
(2) Application_OnEnd：当网站的 Web 服务器关闭时发生；
(3) Session_OnStart：当某个用户第一次访问网站的网页时发生；
(4) Session_OnEnd：当某个用户的 Session 超时或关闭时发生。

任务 7-3 制作购物车内容处理页面

任务引出

当顾客购买商品后,顾客还需要了解当前购买的商品品种有哪些,单价多少,数量多少,总金额又是多少,并可视情况决定是否继续购物、是否清空购物车、是否直接去结账等。

在本任务中,将为"重庆曼宁网上书城"网站完成购物车内容处理页面的制作。

作品预览

打开并运行站点主页面文件"index.asp",为购物车连续添加下面的几本图书,查看购物车内容处理页面"cartshopping.asp",预览效果如图 7-16 所示。

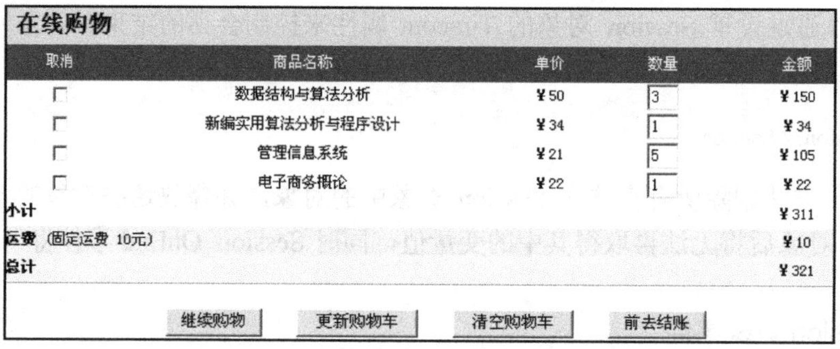

图 7-16 购物车内容处理页面的预览效果

实践操作

1. 设计购物车内容处理页面

新建 ASP VBScript 页面,设计并制作购物车内容表单处理页面,并命名保存为"cartshopping.asp",具体效果如图 7-17 所示。

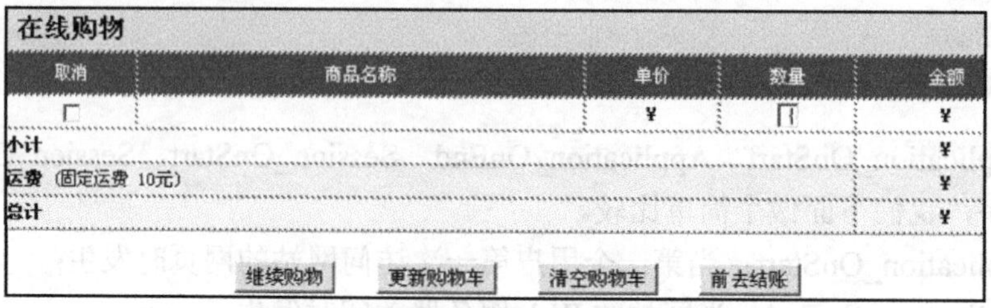

图 7-17 购物车内容处理页面界面

设置【更新购物车】按钮属性为"提交表单",其他如【继续购物】、【清空购物车】、【我要结账】等 3 个按钮属性均设置为"无"。

2. 绑定购物车记录集并设置重复区域

在"设计"视图环境下,将"Charon Cart"记录集中的"UniqueKey"字段项拖放到复选框上,之后放开鼠标按键,完成对"checkbox"复选框的数据绑定;将记录集中的"Name"字段项绑定到"商品名称"下的单元格中;将记录集中的"Price"字段项绑定到"单价"下的单元格中;将记录集中的"Quantity"字段项绑定到"数量"下的单元格中;将记录集中的"LineTotal"字段项绑定到"金额"下的单元格中;将记录集中的"SubTotal"字段项绑定到"小计"对应的单元格中;将记录集中的"Shipping"字段项绑定到"运费"对应的单元格中;将记录集中的"GrandTotal"字段项绑定到"总计"对应的单元格中,如图7-18所示。

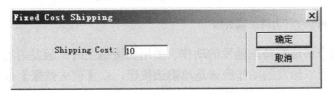

图7-18 购物车内容处理页面界面

在图7-18中,选中动态文本"{CC.CC_Name}"所在行所有的单元格,选择【服务器行为】→【Charon Cart】→【Cart Repeat Region】命令,完成购物车重复区域的设置。

3. 设置固定运费

在"设计"视图环境下,选择【服务器行为】→【添加】→【Charon Cart】→【Fix Cost Shipping】命令,在弹出的【Fix Cost Shipping】对话框中完成固定运费的设置,这里输入"10",如图7-19所示。

图7-19 设置固定运费

单击【确定】按钮,完成固定运费的定义。

4. 更新购物车

选中【更新购物车】按钮,选择【服务器行为】→【添加】→【Charon Cart】→【Update Charon Cart】命令,在弹出的【Update Charon Cart】对话框中自动完成对复选框、文本框与表单对应字段的设置。

5. 清空购物车

选中【清空购物车】按钮,选择【服务器行为】→【添加】→【Charon Cart】→【Kill Cart】

命令，在弹出的【Kill Cart】对话框中完成商品清空后网页转向的设置，如图 7-20 所示。

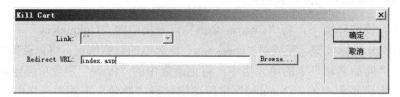

图 7-20 清空购物车

单击【确定】按钮，完成"清空购物车"的定义。

在【清空购物车】按钮旁会出现"New Link"文本链接，我们可将这个文本链接转换成【清空购物车】按钮链接，并添加按钮"onclick"事件代码：

  onclick="window.location='<%=Request.ServerVariables("SCRIPT_NAME")&"?RemoveAll=1"%>'

按照同样的办法，我们可以为【继续购物】按钮、【前去结账】按钮定义转向页面，按钮"onclick"事件代码分别为：

  onclick="window.location='/index.asp'
  onclick="window.location='customers.asp'

这样，就完成了购物车内容处理页面的制作过程。最后，按下【Ctrl+S】组合键保存页面文件。

问题探究 27："window.location" 方法应用

在前面为【继续购物】按钮、【前去结账】按钮定义转向页面时，我们用到了"window.location"方法，"window.location"的完整语法为：

  window.location="转向网址或页面"

一般来说，这个语法需搭配触发的动作，如用到按钮上时，触发的动作事件就是"单击按钮"（onclick），所以触发的动作应该是单击该按钮，以【前去结账】按钮为例，其完整用法如下：

  <input type="button" name="Submit4" value="前去结账" onclick="window.location='customers.asp'" />

知识拓展 27：ASP 网络编程方法 16——GLobal.asa 文件的使用

下面来介绍一下 Global.asa 文件的使用方法。

Global.asa 文件是一个用来初始化 ASP 程序的全局配置文件，可以用来定义 Application 和 Session 事件脚本，声明具有 Application 和 Session 作用域的对象实例。该文件的名称必须是 Global.asa，且必须存放在网站应用程序的根目录下。

每个应用程序只能有一个 Global.asa 文件，文件中不能有任何输出语句。在 Global.asa

文件中声明的过程只能从一个或多个与 Application_OnStart、Application_OnEnd、Session_OnStart 和 Session_OnEnd 事件相关的脚本中调用。

下面通过一个例子说明如何用 Global.asa 文件统计站点在线人数，具体做法分为以下两个步骤。

（1）定义 Global.asa 文件统计站点在线人数。

```
<SCRIPT LANGUAGE="VBSCRIPT" RUNAT=Server>
Sub Application_OnStart
session.timeout=15                          '设置 session 的超时间
application.lock
Application("online_number")=0              '初始化在线人数
application.unlock
End Sub
Sub Application_Onend
End Sub
Sub session_OnStart
application.lock
'在线人数+1
application("online_number")=application("online_number")+1
application.unlock
End Sub
Sub session_Onend
application.lock
'在线人数-1
application("online_number")=application("online_number")-1
application.unlock
End Sub
</SCRIPT>
```

（2）输出 Global.asa 文件统计站点在线人数。

```
<%
response.Write("当前在线人数："&application("online_number"))     '输出在线人数
%>
```

其运行结果如图 7-21 所示。

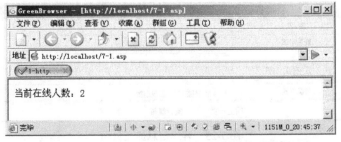

图 7-21　利用 Global.asa 文件统计站点在线人数

任务 7-4　制作客户信息页面

任务引出

顾客在完成购物后，还需要提交顾客的详细信息以便配货发送，这些详细信息主要包括姓名、联系电话、联系地址、电子邮件以及付款方式等。

在本任务中，将为"重庆曼宁网上书城"完成客户信息页面的制作。

作品预览

按图 7-16，单击【前去结账】按钮，系统打开客户信息页面文件"customers.asp"，顾客可在此填写客户详细信息，如姓名、联系电话、联系地址、电子邮件以及付款方式等，具体如图 7-22 所示。

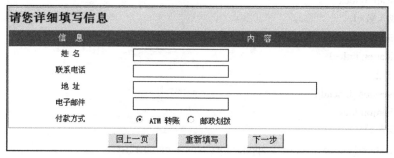

图 7-22　客户信息页面的预览效果

实践操作

1．设计客户信息提交页面

新建 ASP VBScript 页面，设计并制作客户信息提交表单页面，并命名保存为"customers.asp"，具体制作效果如图 7-23 所示。

图 7-23　客户信息提交页面

项目7 开发电子商务网站在线购物车

设置【下一步】按钮的属性为"提交表单",其他如【回上一页】、【重新填写】等2个按钮属性均设置为"无"。

选中"姓名"字段对应的文本框,命名为"CustomerName";选中"联系电话"字段对应的文本框,命名为"CustomerPhone";选中"地址"字段对应的文本框,命名为"CustomerAddress";选中"电子邮件"字段对应的文本框,命名为"CustomerEmail";选中"付款方式"字段对应的单选按钮,命名为"paytype",并定义"初始状态"为"勾选"。

2. 定义表单动作

在状态栏中选择"form1"表单,在【属性】面板中设置"动作"为"checkout.asp","方法"为"POST",具体定义如图7-24所示。

图7-24 表单动作定义

这样,就完成了客户信息提交页面的制作过程。最后,按下【Ctrl+S】组合键保存页面文件。

问题探究28:表单方法"Post"与"Get"的比较

在图7-24中,表单动作方法有"Post"方法与"Get"方法可供选择。下面我们就来比较一下在表单里使用"Post"和"Get"有什么区别。

在表单中,可以使用Post也可以使用Get方法,它们都是method的合法取值。但是,Post和Get方法在使用上至少有以下两点不同:

(1)Get方法通过URL请求来传递用户的输入,Post方法则是通过另外的形式;

(2)Get方式的提交需要用Request.QueryString来取得变量的值,而Post方式提交时,必须通过Request.Form来访问提交的内容。

知识拓展28:ASP网络编程方法16——Server对象

Server对象提供对服务器上的方法和属性的访问,其中大多数方法和属性是作为实用程序功能服务的。

1. Server对象

Server对象主要用于向用户提供Web服务器上的相关信息,并可以帮助用户取得服务器上的各项功能。通过Server对象还可以创建ActiveX组件的实例,ActiveX组件是一些扩展ASP功能的对象,通过Server对象可以把这些组件实例化,这样可以在ASP脚本中使用它们所提供的功能。

电子商务网站开发实务

Server 对象包含属性和方法，但不包含集合和事件，Server 对象的语法格式如下：

Server. property | method

其中，property 表示 Server 对象的属性，method 表示 Server 对象的方法。

2．Server 对象的属性

Server 对象只有一个属性 ScriptTimeout，该属性表示脚本能够运行的最大时间（超时值），在脚本运行超过这一时间之后服务器将中止执行该脚本，如下面的语句即指定服务器处理 ASP 脚本在 100 秒后超时。

Servere.ScriptTimeout=100

任务 7-5　制作购物车及客户信息存储页面

任务引出

当完成购物后，还需要将客户信息及购物车中的商品订单相关信息存储到服务器数据库中，以形成订单，以供顾客和供应商查询。

在本任务中，将为"重庆曼宁网上书城"完成购物车信息及客户信息存储页面的制作。

作品预览

在图 7-22 中，单击【下一步】按钮，系统打开购物车及客户信息存储页面文件"checkout.asp"，顾客可在此进一步确认购物车信息和客户详细信息，单击【确认订单】按钮确认订单的生成，系统返回网站主页面；同时，打开数据库表"Orders"查看购物车及客户信息，具体如图 7-25 所示。

图 7-25　购物车及客户信息存储页面预览效果

项目 7　开发电子商务网站在线购物车

实践操作

1. 设计购物车及客户信息页面界面

新建 ASP VBScript 页面，设计并制作客户信息及商品订单提交表单页面，并命名保存为"checkout.asp"，具体效果如图 7-26 所示。

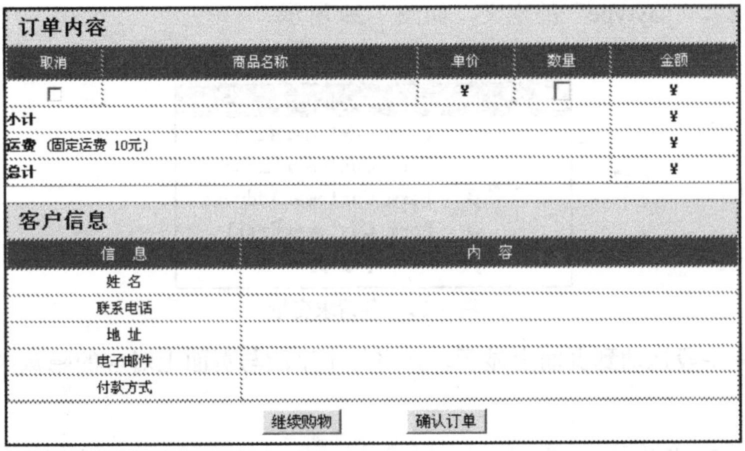

图 7-26　购物车及客户信息页面界面

设置【确认订单】按钮的属性为"提交表单"，【继续购物】按钮的属性设置为"无"。

2. 定义购物车及客户信息

所有订单信息处理方法与购物车内容处理页面"cartshopping.asp"相同。

在此基础之上，定义 3 个隐藏区域，分别命名为"SubTotal"、"Shipping"、"GrandTotal"，具体定义如图 7-27 所示。

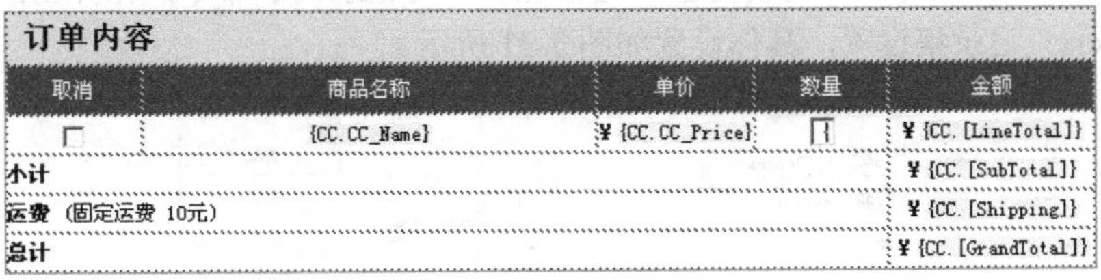

图 7-27　购物车信息定义

3. 接收客户信息

（1）在【应用程序】面板中，选择【绑定】→【添加】→【请求变量】命令，在弹出的【请求变量】对话框中进行请求变量定义，如图 7-28 所示。

单击【确定】按钮，完成请求变量"CustomerName"的定义。

161

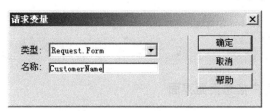

图 7-28 请求变量定义

按同样的方法,可完成请求变量"CustomerPhone"、"CustomerAddress"、"CustomerEmail"、"paytype"的定义,如图 7-29 所示。

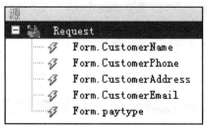

图 7-29 各请求变量

(2)将所有字段拖动到页面上显示,并将每个字段与页面上对应的隐藏区域绑定,具体如图 7-30 所示。

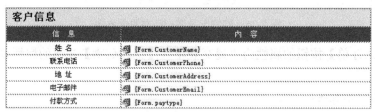

图 7-30 绑定各请求变量

4.存储购物车及客户信息

(1)选择【应用程序】→【绑定】→【添加】→【记录集】命令,在弹出的对话框中完成"RecOrders"记录集设置,具体设置如图 7-31 所示。

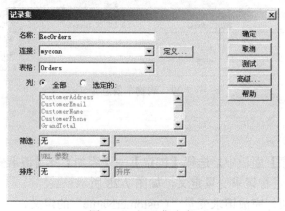

图 7-31 记录集定义

（2）选择【服务器行为】→【添加】→【Charon Cart】→【Store Order And Get OrderID】命令，在弹出的【Store Order And Get OrderID】对话框中完成订单信息存储设置，具体设置如图 7-32 所示。

图 7-32　存储数据信息

在"Store Order And Get OrderID"服务器行为中，会将订单资料存入"Orders"数据表中，同时还会产生一个订单编号存储在 Session 中。

5．清空购物车

在顾客提交订单的同时，还需要清空购物车。

切换到"代码"视图模式下，并将光标置于页面代码最后一行，添加如下代码：

```
<%
Response.Cookies("CharonCart")=""
%>
```

这样，就完成了购物车及客户信息存储页面的制作。最后，按下【Ctrl+S】组合键保存页面文件。

问题探究 29：修改记录集锁定方法

如果现在就运行页面文件"checkout.asp"，将会出现运行出错的提示语句。为使"Charon Cart"插件正常工作，还需修改记录集锁定方法。

切换到"代码"视图模式下，找到记录集"RecOrders"绑定操作对应的代码，并更新代码如下：

```
<%
Dim RecOrders
Dim RecOrders_cmd
Dim RecOrders_numRows
Set RecOrders_cmd = Server.CreateObject ("ADODB.Command")
RecOrders_cmd.ActiveConnection = MM_myconn_STRING
RecOrders_cmd.CommandText = "SELECT * FROM Orders"
RecOrders_cmd.Prepared = true
```

```
Set RecOrders = RecOrders_cmd.Execute
Set RecOrders = Server.CreateObject("ADODB.Recordset")
RecOrders.Open RecOrders_cmd, ,0,3
RecOrders_numRows = 0
%>
```

上面的粗体部分即为代码修改部分。

知识拓展 29：ASP 网络编程方法 17——HTMLEncode 和 MapPath 方法

下面来介绍一下 Server 对象的 HTMLEncode 方法及 MapPath 方法的使用。

1. HTMLEncode 方法

我们都有这样的体验，当使用代码输入"<i>欢迎访问我的网站！</i>"时，浏览器中将显示"欢迎访问我的网站！"字样，这是因为当浏览器读到这样的 HTML 标记符时，都会试图进行解释。但当我们希望在浏览器上直接输出文本"<i>欢迎访问我的网站！</i>"时，就必须对上述的 HTML 标记符进行所谓的 HTML 编码，然后才能在浏览器中正常显示。

这正是 Server 对象的 HTMLEncode 方法，被用于对字符串进行 HTML 编码，其语法格式如下：

```
Server.HTMLEncode（"字符串"）
```

因此，可以采用如下的代码，以便在浏览器中正确显示<i>和</i>。

```
<%
Response.write Server.HTMLEncode("<i>欢迎访问我的网站！</i>")
%>
```

2. MapPath 方法

由于利用 IIS 可以创建多种形式的站点，如虚拟目录、虚拟站点和真正站点等，每个站点都可能指向一个目录中，仅仅单凭文件在站点地址中的相对位置是无法判断它在服务器磁盘上的真正位置的。要操作服务器上的文件，必须知道文件在服务器上的真实路径，这可以通过 Server 对象的 MapPath 方法来实现，MapPath 方法的语法格式如下：

```
Server.MapPath（Path）
```

其中，参数 Path 指定要映射物理目录的相对或虚拟路径。

利用 ServerVariables（"PATH_INFO"）能得到当前文件的虚拟路径，如需要把当前文件的虚拟路径映射为物理路径，可以使用如下代码：

```
<% response.write "当前文件的虚拟路径为:" %>
<%=request.serverVariables("PATH_INFO")&"<br>" %>
<%response.write "该文件的物理路径为： "%>
<%=Server.MapPath（Request.ServerVariables（"PATH_INFO"））%>
```

项目7 开发电子商务网站在线购物车

其运行结果具体如图 7-33 所示。

图 7-33 获取当前文件的虚拟路径和物理路径

任务 7-6 制作购物车订单显示页面

任务引出

在提交购物车和客户信息后，系统将会自动生成一张订单。顾客也可通过查询订单来了解订单的某些详细的信息。

在本任务中，将完成"重庆曼宁网上书城"购物车订单显示页面的制作。

作品预览

打开并运行站点主页面文件"index.asp"，注意观察"最新订单"栏目。可以看到，页面罗列了最新 8 条订单信息，选中并单击某条订单信息，如选中第一条订单信息，将会弹出该条订单的详细信息。具体网页的预览效果如图 7-34 所示。

图 7-34 购物车订单显示页面预览效果

实践操作

1. 创建购物车订单记录集

打开网站主页面文件"index.asp"，在【应用程序】面板中，选择【绑定】→【添加】→【记录集（查询）】命令，在弹出的【记录集】对话框中进行购物车订单记录集定义，具体定义如图 7-35 所示。

165

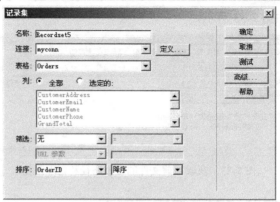

图 7-35 定义购物车订单记录集

单击【确定】按钮,完成对购物订单记录集"Recordset5"的定义。

2. 绑定购物车订单记录集并设置重复区域

(1)将光标置于"最新订单"栏所在列下面的单元格,插入一个 1 行 2 列的表格,设置"表格宽度"为"100%","边框粗细"、"边距"、"间距"均为"0";并设置该表格第 1 个单元格宽度为"12 像素",并插入图片文件"left.gif"。

(2)在【应用程序】面板中,选择【应用程序】→【绑定】命令,将动态文本"Recordset5.CustomerName"绑定到单元格中,并在其后添加"订单已经处理完毕!"字样。

(3)选中"最新订单"栏所在列下面的表格行,选择【服务器行为】→【添加】→【重复区域】命令,在弹出的【重复区域】对话框中设置好重复记录数为"8",如图 7-36 所示。

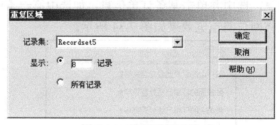

图 7-36 设置重复区域

订单显示页面最终的制作效果如图 7-37 所示。

图 7-37 订单显示页面界面

项目 7 开发电子商务网站在线购物车

3. 创建详细数据页面链接

选中"{ Recordset5.CustomerName }",选择【应用程序】→【服务器行为】→【转到详细页面】命令,在弹出的【转到详细页面】对话框的【记录集】列表框中选择记录集,如"Recordset5";在【详细信息页】文本框中输入"cartdetail.asp";设置"传递 URL 参数"的值为"OrderID",其他设置保持默认,具体设置如图 7-38 所示。

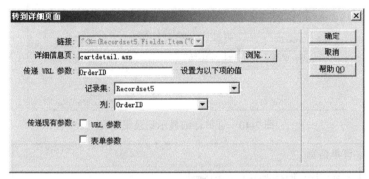

图 7-38 详细数据页面链接设置

单击【确定】按钮,完成详细数据页面链接设置。

这样,就完成订单处理信息页面的制作过程。最后,按下【Ctrl+S】组合键保存页面文件。

4. 制作购物车订单详细数据页面

(1)新建 ASP VBScript 页面,设计并制作购物车订单详细数据显示页面,并命名保存为"cartdetail.asp",效果如图 7-39 所示。

订单信息
收货人姓名:
送货地址:
收货人邮箱:
收货人电话:
付款总金额:
付款方式:

图 7-39 购物车订单详细数据页面

(2)在【应用程序】面板中,选择【绑定】→【添加】→【记录集】命令,在弹出的【记录集】对话框中进行订单详细显示记录集定义,具体定义如图 7-40 所示。

(3)在"设计"视图环境下,将光标置于相应的单元格,选择【应用程序】→【绑定】命令,依次将动态文本"{Recordset1.CustomerName}"、"{Recordset1.CustomerAddress}"、"{Recordset1.CustomerEmail}"、"{Recordset1.CustomerPhone}"、"{Recordset1.GrandTotal}"、"{Recordset1.paytype}"等字段绑定到相应单元格中,如图 7-41 所示。

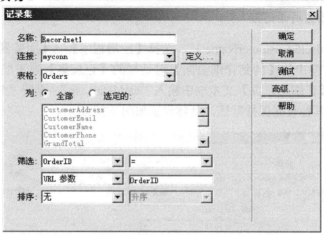

图 7-40 订单详细显示记录集定义

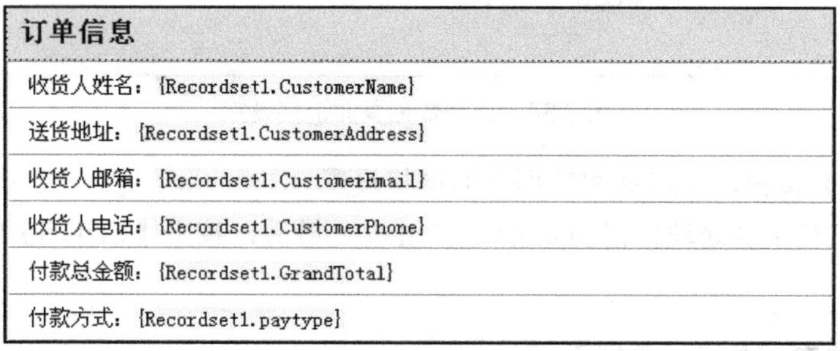

图 7-41 绑定记录集

这样，就完成了购物车订单详细数据页面的制作过程。最后，按下【Ctrl+S】组合键保存页面文件。

问题探究 30：几种购物车开发技术的比较

至此，购物车系统开发就暂告一段落了。虽然这里的购物车功能还不是尽善尽美，但已基本体现了购物车的基本业务处理情形，读者也可在今后的学习生涯中进一步去完善它。

下面，我们简要介绍一下购物车系统开发的其他几种方式。

1．Session 方式

这种方式一般将用户的选择存放到 Session 数组里面，如果用户确认要购买，就将信息提交到订单表中。

使用 Session 方式的优点是简单灵活，缺点是用户需要登录，无法查看上次的记录。而且一旦 Session 过期，顾客所选的商品信息就会丢失，并且增加许多系统开销。

2．数据库方式

此种方式要求在数据库中建立一个暂存表。用户在购物时，先把数据暂时存放在里面，但如果用户确认购买，就把数据写入到真正的订单信息集。

使用数据库方式的优点是无论顾客是否真的购买物品，都会在数据库中留下记录。如果客户因为断电或其他原因导致没有最终提交订单，下次登录时也可以恢复上次的购物记录。但是数据库方式也同样具有缺点，那就是同样需要用户登录，而且需要频繁地操作数据库，显得比较烦琐。

3．Cookie 方式

Cookie 是通过服务器端 CGI、脚本或者客户端脚本把信息保存在客户机上的，以便为服务器或客户机再次使用这些信息提供方便。在 JavaScript 中有一些专门用来对 Cookie 进行操作的函数，如设置 Cookie 值的 Setcookie(name,value)，删除 Cookie 的 Deletecookie(name)等。

使用 Cookie 来保存购物车信息的优点是，即使当用户不小心关闭了浏览器窗口，购物车中的信息也不会丢失，并且它占用很少的服务器端资源，缺点是必须要求用户端浏览器支持 Cookie，并且将其打开。

知识拓展 30：ASP 网络编程方法 18——Execute、Transfer 和 CreateObject 方法

下面来介绍一下 Server 对象 Execute 方法、Transfer 方法及 CreateObject 方法的使用。

1．Execute 与 Transfer 方法

Execute 方法"呼叫"一个 ASP 文件并且执行它，就像这个"呼叫"的 ASP 文件存在于这个 ASP 文件中一样，Execute 方法的语法如下：

Server.Execute（Path）

其中，参数 Path 指定执行的那个 ASP 文件的路径。

当 IIS 根据指定的 ASP 文件路径执行完这个 ASP 文件后，就会自动返回以前的 ASP 文件。

与 Execute 命令用法相同，ASP 执行 Transfer 命令也将调用第二个 ASP 文件；但不同的是，系统自动将控制权转移给后者，包括所有状态信息。

下面通过一个例子说明 Execute 与 Transfer 方法的应用区别，案例程序需要有主调用和被调用两个文件。

（1）主调用文件 7-3A.asp 程序代码如下：

```
<%
response.Write("调用 ASP 程序的结果为:<br><hr>")
server. Execute("7-3B.asp")
response.Write("<hr>请注意看,此处出现了这段文字了吗？ ")
%>
```

（2）被调用文件 7-3B.asp 程序代码如下：

```
<%
 response.Write(" IP 地址为:<br>")
```

```
response.Write(request.ServerVariables("remote_addr")& "<br>")
response.Write("浏览器类型为:<br>")
response.Write(request.ServerVariables("http_user_agent")& "<br>")
%>
```

执行文件后的显示结果如图 7-42 所示。

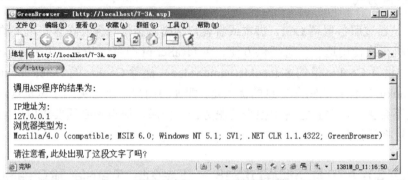

图 7-42　Execute 方法应用

在主调用文件 7-3A.asp 程序中用 Transfer 方法替代 Execute 方法，执行文件后的显示结果如图 7-43 所示。

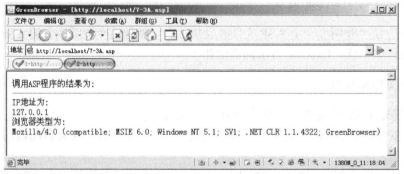

图 7-43　Transfer 方法应用

2．CreateObject 方法

CreateObject 方法是 Server 对象中最重要的方法，它用于指定要创建的组件名称，它允许创建已注册到服务器上的 ActiveX 组件。这是一个非常的特性，因为通过使用 ActiveX 组件能够扩展 ActiveX 的能力。CreateObject 方法的语法如下：

　　Set 对象实例名称 = Server.CreateObject（"组件名.组件类型"）

例如：

　　set conn=server.createobject(adodb.connection)

在默认情况下，在当前 ASP 页处理完成后，服务器将自动破坏这些对象，也可以在 ASP 程序中通过如下脚本清除对象实例：

　　<% set fs = nothing %>

项目 7　开发电子商务网站在线购物车

知识梳理与总结

购物车是电子商务网站的必备功能，借助购物车可以让顾客直接在线完成商品交易过程。在传统意识下，购物车系统的开发非常复杂，而在本项目中，借助购物车的相关插件大大简化了开发过程，开发者不需要网络编程就可以轻松完成购物流程的操作与制作。

实训 7　开发网上购物系统

1. 实训目的

（1）了解网上购物系统的数据处理流程；
（2）掌握网上购物系统的开发技术与实现过程。

2. 实训内容

购物系统的实现是一个流程，顾客注册登录后进入商品目录页面，选好商品后放入购物车，确认订单后结账退出。它实现了顾客从登录到结账购物的整个过程，帮助解决顾客在购物过程中可能出现的问题。借助这个系统，可达到以下目的：

（1）顾客详细地了解到各种商品的具体信息；
（2）让初次登录者可以了解整个购物的过程；
（3）有一个和顾客交流的平台，对顾客的意见进行反馈。

该系统具体的具体功能如下。

（1）注册页面：使顾客由无权限变为有权限进入系统购物，并录入顾客信息；
（2）购物指南页面：向顾客说明该系统购物的步骤；
（3）商品信息页面：向顾客展示本网站所有的商品，已用下拉列表实现好分类，顾客可在此页面选择商品放入购物车；
（4）购物车页面：查看现在购物车中有多少已选购的商品，并可以选择是否结账离开；
（5）订单查看页面：查看顾客在本网站注册以来所有购物订单及其他详细信息，包括购买日期、购买商品数量、价格等。

项目 8
开发电子商务网站其他常见功能系统

教学导航

　　为使电子商务网站的功能更加完善，还需要开发一些其他常见的功能系统。在本项目中，将会介绍用户注册/登录系统、留言系统、网站计数器等功能系统的制作。

项目 8　开发电子商务网站其他常见功能系统

任务 8-1　制作用户注册/登录系统

任务引出

用户注册是网站常备的一个功能模块。通过用户注册，可以帮助网站管理者搜集更多的访客信息，并为访客提供个性化服务提供了条件；同时，许多网站也都提供了供用户登录的用户名及密码文本框，以便用户登录系统。

在本任务中，将为"重庆曼宁网上书城"网站完成用户注册/登录页面的制作。

作品预览

打开并运行站点主页面文件"index.asp"，单击主页顶部的"注册"文本链接，在弹出的"用户注册"页面中输入注册信息进行注册，单击【用户注册】按钮完成用户注册操作；返回站点主页面文件"index.asp"，单击主页顶部的"登录"文本链接，在弹出的"用户登录"页面中输入登录用户名和登录密码，单击【用户登录】按钮完成用户登录操作。具体网页的预览效果如图 8-1、图 8-2 所示。

图 8-1　注册页面的预览效果

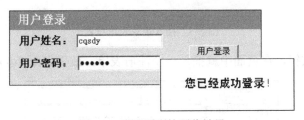

图 8-2　登录页面的预览效果

实践操作

1．设计数据库表

启动 Access，打开"edunet.mdb"数据库，然后在数据库中创建数据表"Register"。
"Register"数据表由"ID"、"Username"、"Userpass"、"Email"、"QQ"、"Regtime"六个字段构成，其属性和说明参见表 8-1。

表 8-1 "Register"数据表的属性

字段名称	数据类型	备注说明
ID	自动编号	用户编号,主键
Username	文本	用户姓名
Userpass	文本	用户密码
Email	文本	用户电子邮件
QQ	数字	用户QQ,可不填
Regtime	日期/时间	注册时间

为了记录用户注册的具体时间,在"Regtime"字段的"默认值"框中输入"Now()",用于获取当前注册时间。

2. 制作用户注册页面

新建 ASP VBScript 页面,并命名保存为"register.asp"。选择【应用程序】→【服务器行为】→【添加】→【插入记录】命令,在【插入记录】对话框中进行表单设置,具体如图 8-3 所示。

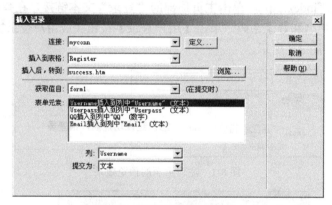

图 8-3 插入记录表单设置

单击【确定】按钮,在页面中就插入一个注册表单,效果如图 8-4 所示。

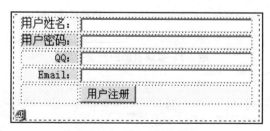

图 8-4 用户注册界面

3. 添加注册约束

1)检查新用户名

单击【服务器行为】→【添加】→【用户身份验证】→【检查新用户名】命令,打开【检

项目8 开发电子商务网站其他常见功能系统

查新用户名】对话框,在【用户名字段】下拉列表框中选择【Username】字段,表示该字段不允许重复,并为重复事件确定链接"error.htm",单击【确定】按钮,完成设置,如图8-5所示。

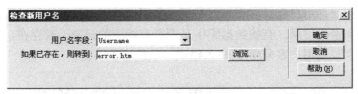

图8-5 检查新用户名

2)表单检查

选择【用户注册】按钮,单击【行为】→【添加】→【检查表单】命令,在弹出的【检查表单】对话框中,选择并确定Username为"必需的",并为可接受"任何东西";Userpass为"必需的",并为可接受"任何东西";Email为"必需的",并为可接受"电子邮件地址";"QQ"可接受"数字",如图8-6所示。

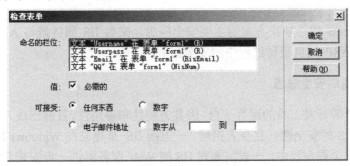

图8-6 表单检查

4. 制作注册成功/失败提示页面

1)制作注册成功提示页面

新建 HTML 页面,并命名保存为"success.htm"。输入成功注册页面提示内容"您已经成功注册,请登录!",并链接到登录文件"login.asp"。

2)制作注册失败提示页面

新建 HTML 页面,并命名保存为"error.htm"。输入注册失败页面提示内容"对不起,您注册失败,请重新注册!",并链接到注册文件"register.asp"。

这样,一个简单的用户注册系统就制作完成了。最后,按下【Ctrl+S】组合键保存页面文件。

用户登录系统的制作在项目5中已经完成,在此就不再赘述。

问题探究31:用户注册/用户登录技术实现方案

从技术实现上来看,用户注册的实质就是用户将注册表单资料提交给网站后台数据库处理。一般而言，在用户注册资料"写入"后台数据库之前，系统应提供相应的自动检验机制，如必填资料不可省略，不允许重名，电子邮件格式是否具备等，一旦验证失败，系统将提示出错记录并要求用户重新输入注册。

与用户注册相反，用户登录实质是网站后台数据库读取（查询）的过程。根据用户表单提交的用户账号和密码信息，查找数据库中是否存有相应的记录，若存在，则说明系统登录成功；不存在，则说明用户账号/密码输入错误，系统将予以提示。

知识拓展 31：IIS+ASP+Access 电子商务网站的安全隐患

随着 Web 技术的快速发展，静态 HTML 网站开发技术已经无法适应人们的需要，人们更多的是需要网站客户端与服务器间能实时交互操作的动态网站开发技术。在众多的动态网站开发方案中，由微软公司推出的 IIS（Internet information Servies，Internet 信息服务）＋ASP（Active Server Pages，编程语言）+Access（网络数据库）的组合方案得到了广泛的应用。目前，IIS+ASP+Access 已成为中小型网站建设的首选方案，该解决方案在为我们带来便捷的同时也带来了严峻的安全问题。

IIS+ASP+Access 组合解决方案的主要安全隐患，来自 IIS 服务器与 Access 数据库的安全性，其次在于 ASP 网页设计过程中的安全漏洞。

1．IIS 服务器的安全隐患

IIS 作为 ASP 等开发工具的运行平台，因其方便性和易用性，目前已成为最为流行的 Web 服务器平台。但 IIS 的安全性一直令人担忧，一方面 IIS 是建立在 Windows NT Server 基础上的，早期的版本安全漏洞较多，一般需要对 IIS 的 Web 服务器进一步安装 PACK 补丁或升级来修补安全漏洞；另一方面在 IIS 初始安装后，其属性一般会默认设置索引、读取、写入、日志访问等，因此所有不当的设置都可能让远程客户端对网站实现非法操作，如执行可执行文件、建立目录、查阅上级目录信息、非法查看修改 IIS 日志等。

2．Access 数据库的安全隐患

动态网站的灵魂就是网络数据库，一旦数据库被他人下载后破解，则网站所有的安全机制将"形同虚设"。在进行网站设计时，我们经常用英文或中文拼音命名网页和数据库文件，这的确方便了网站的开发，但是如果有人通过其他方法获得或者猜到数据库的存储路径和数据库名，则该数据库就可以被下载到本地，如数据库"db.mdb"存放在根目录"URL/"下，任何人只需键入地址"URL/db.mdb"，数据库即可被下载在客户端计算机上，如图 8-7 所示。

3．ASP 页面的安全隐患

一方面，ASP 程序工作在服务器端，服务器仅将所执行的结果以 HTML 格式传送至客户端的浏览器，而源代码不会被传送到客户端的浏览器，这样有效保护了源代码不被客户端轻易获取；另一方面，由于 ASP 程序采用的是非编译性语言，若一旦有人攻入站点，就可以获得 ASP 源代码，当然如果网络服务提供商有职业道德方面的问题，也有可能造成 ASP 应用程序源代码泄露。另外，在网站中一般都存有一些只有注册用户（或管理员、授权用户等）

项目 8　开发电子商务网站其他常见功能系统

才能查看的页面，如不采用适当的安全措施，就会有人绕过登录页面通过直接键入页面的URL，来实现对页面的无条件访问等。

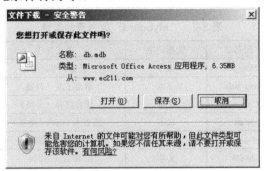

图 8-7　数据库文件下载

任务 8-2　制作留言系统

任务引出

留言板是常见的一种网络交流方式，借助留言板可让用户直接在网站上留言。从技术层面上来看，留言板的实现实质就是对网站后台数据库的"读"与"写"的操作处理：当用户在线签写留言后，留言将被"写"入数据库中；当浏览留言内容时，留言内容将从数据库中"读"出来。

在本任务中，将为"重庆曼宁网上书城"网站完成留言系统的制作。

作品预览

打开并运行站点主页面文件"index.asp"，单击【最新留言】栏目右侧的【more】按钮，在弹出的留言列表下面"留言区"部分填写留言记录后，单击【提交留言】按钮提交留言，在留言列表部分即刻呈现提交的留言信息；同时，返回站点主页面文件"index.asp"，【最新留言】栏目下面也可看到最新的留言。具体网页的预览效果如图 8-8 所示。

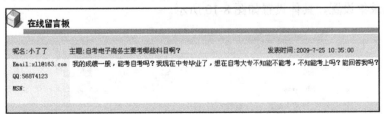

图 8-8　留言页面的预览效果

实践操作

1．设计数据库表

启动 Access，打开"edunet.mdb"数据库，然后在数据库中创建数据表"Myboard"。

177

"Myboard"数据表由"Msg_id"、"Msg_title"、"Content"、"Mail"、"Qq"、"Addtime"、"MSN"、"Name"八个字段构成,其属性和说明参见表8-2。

表8-2 "Myboard"数据表的属性

字段名称	数据类型	备注说明
Msg_id	编号	留言编号,主键
Msg_title	文本	留言主题(必填)
Content	文本	留言内容(必填)
Mail	文本	留言人Email(必填)
Name	文本	留言人呢称
MSN	文本	留言人MSN
Qq	数字	用户QQ
Addtime	日期/时间	留言时间

为了记录留言发表的具体时间,在"Mestime"字段的"默认值"框中输入"Now()",用于获取当前的留言时间。

2.制作留言内容显示页面

(1)新建ASP VBScript页面,并命名保存为"liuyanban.asp"。设计并制作留言显示页面,具体设置如图8-9所示。

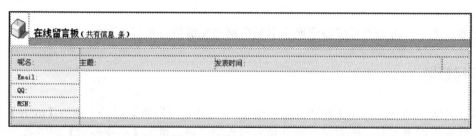

图8-9 留言内容页面设计

(2)选择【应用程序】→【绑定】→【添加】→【记录集】命令,在弹出的对话框中进行留言显示记录集设置,具体设置如图8-10所示。

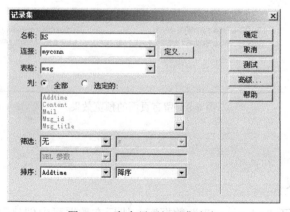

图8-10 留言显示记录集定义

项目 8 开发电子商务网站其他常见功能系统

（3）选择【应用程序】→【绑定】命令，并将有关动态文本添加到页面中，具体设置如图 8-11 所示。

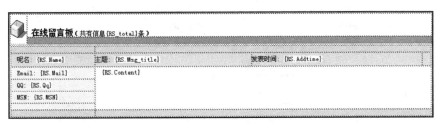

图 8-11 记录集数据绑定

（4）选中留言显示区域，选择【应用程序】→【服务器行为】→【重复区域】命令，在弹出的【重复区域】对话框中设置好重复记录数为"10"，具体设置如图 8-12 所示。

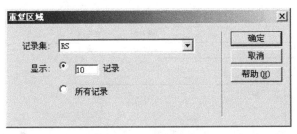

图 8-12 设置重复区域

（5）在图 8-11 所示的表格中向下增加一行，并在该行中完成插入"记录集导航条"的操作，设置记录集为"Rec"，显示方式为"文本"，单击【确定】按钮，从而将导航条添加到表格中，如图 8-13 所示。

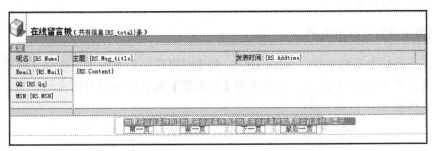

图 8-13 记录集导航条

3．制作留言发表页面

单击【应用程序】→【服务器行为】→【添加】→【插入记录】命令，在【插入记录】对话框中进行表单设置，如图 8-14 所示。

 注意：

由于在前面已对"Addtime"字段设置默认值，在此就不用进行数据插入。

电子商务网站开发实务

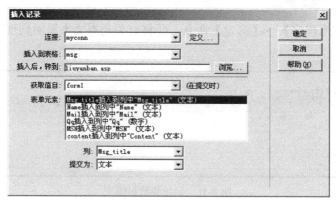

图 8-14 插入注册表单

单击【确定】按钮，出现并修改注册初始界面标签内容，如图 8-15 所示。

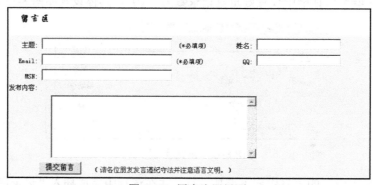

图 8-15 用户注册界面

为以上表单实现提交约束（如必须有"主题"、"Email"项等），具体实现方法参见前面的"表单检查"内容部分。

4．制作主页留言显示页面

（1）打开网站主页面文件"index.asp"，在【应用程序】面板中，选择【绑定】→【添加】→【记录集（查询）】命令，在弹出的【记录集】对话框中进行留言记录集定义，具体定义如图 8-16 所示。

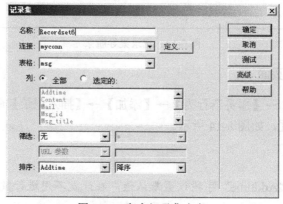

图 8-16 留言记录集定义

单击【确定】按钮，完成对留言记录集"Recordset6"的定义。

（2）将光标置于"最新留言"栏所在列下面的单元格，插入一个1行2列的表格，完成布局设计；在【应用程序】面板中，选择【应用程序】→【绑定】命令，将动态文本"Recordset6.Msg_title"绑定到单元格中；选中"最新留言"栏所在列下面的表格行，选择【服务器行为】→【添加】→【重复区域】命令，在弹出的【重复区域】对话框中设置好重复记录数为"8"，如图8-17所示。

主页留言页面最终的制作效果如图8-18所示。

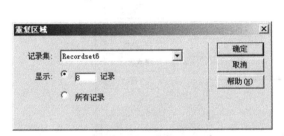

图8-17 设置重复区域

图8-18 主页留言页面的最终制作效果

（3）选中"{Recordset6.Msg_title}"，选择【服务器行为】→【添加】→【转到详细页面】命令，在弹出的【转到详细页面】对话框的【记录集】列表框中选择记录集，如"Recordset6"；在【详细信息页】文本框中输入"message.asp"；设置【传递URL参数】的值为"Msg_id"，其他设置保持默认，具体设置如图8-19所示。

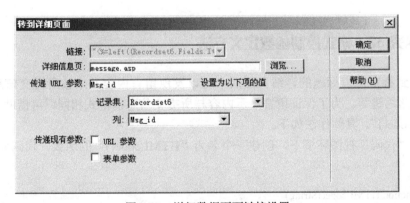

图8-19 详细数据页面链接设置

单击【确定】按钮，完成详细数据页面链接设置。

（4）打开网站主页面文件"liuyanban.asp"，保留留言显示部分页面，将页面文件另存为"message.asp"，效果如图8-20所示。

电子商务网站开发实务

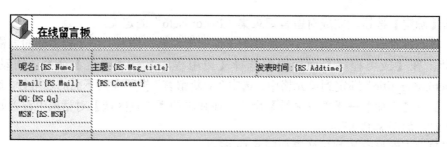

图 8-20 留言显示页面设置

同时，重新定义留言记录集定义，如图 8-21 所示。

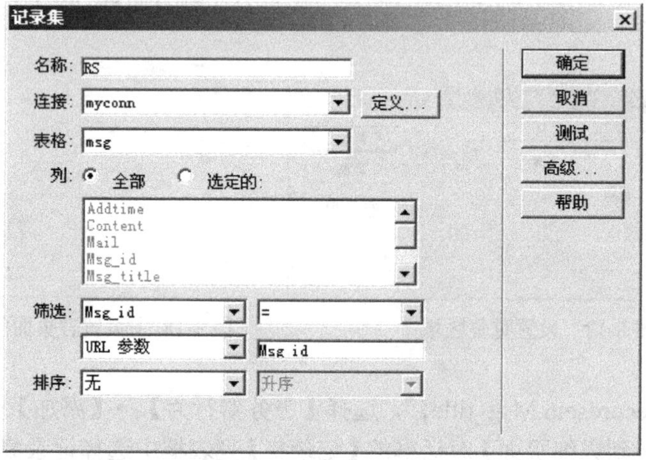

图 8-21 留言显示页面设置

最后，按下【Ctrl+S】组合键保存页面文件。

问题探究 32：格式控制函数定义方法

当进入到特定留言标题的详细页面后，可以发现留言内容并未按所提交信息的格式显示，例如段落缩进等。为了保证留言显示内容与所提交信息的格式相同，可借助格式控制函数 "HTMLcode()"。具体作法如下。

切换到"代码"视图环境下，创建一个名为"HTMLcode()"的函数，代码如下：

```
<%
Function HTMLcode(fString)
If Not IsNull(fString) Then
 fString = replace(fString, ">", "&gt;")
 fString = replace(fString, "<", "&lt;")
 fString = replace(fString, "&#", "<I>&#</I>")
 fString = Replace(fString, CHR(32), "<I></I> ")
```

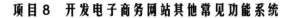

```
            fString = Replace(fString, CHR(9), " ")
            fString = Replace(fString, CHR(34), "&quot;")
            fString = Replace(fString, CHR(39), "&#39;")
            fString = Replace(fString, CHR(13), "")
            fString = Replace(fString, CHR(10) & CHR(10), "</P><P> ")
            fString = Replace(fString, CHR(10), "<BR> ")
            HTMLcode = fString
        End if
    End Function
%>
```

在"设计"视图环境下,选中"{RS.Content}"并返回"代码"视图环境下,将对应的语句:

(RS.Fields.Item("Content").Value)

修改为:

<%=HTMLcode((RS.Fields.Item("Content").Value))%>

这样,就实现了对留言内容的格式(如空格、换行等)控制。

知识拓展 32:构建安全的 Web 服务器运行环境

IIS+ASP+Access 电子商务网站的基本安全应对措施就是构建安全的 Web 服务器运行环境,主要包括配置安全的 Windows 操作系统、配置安全的 IIS 两方面的内容。由于配置安全的 IIS 方面的内容已在前面陈述,在此主要就配置安全的 Windows 操作系统方面做出介绍。

因为 IIS 是建立在 Windows 操作系统下,IIS 与 Windows 共享用户,IIS 目录的权限依赖 Windows 的 NTFS 文件系统的权限控制,因此保护 IIS 的安全性也应该建立 Windows 系统安全性基础之上,保证 Windows 系统的安全性是 IIS 安全性的前提和基础。

保护 Windows 操作系统的安全的常见措施有以下几点。

(1)保持 Windows 升级。应及时更新 Windows 所有的升级,并为系统打好一切补丁,尽可能堵住 Windows 自身的安全漏洞。

(2)在服务器上使用 NTFS 文件系统。NTFS 是 Windows NT 所采用的独特文件系统结构,是一种能够提供各种 FAT 版本所不具备的性能、安全性、可靠性与先进特性的高级文件系统,NTFS 提供了服务器或工作站所需的安全保障。FAT 文件系统只能提供共享级的安全,且在默认情况下,每建立一个新的共享,所有的用户就都能看到,这不利于系统的安全性,而在 NTFS 文件下,建立新共享后可以通过修改权限保证系统安全。

(3)修改系统管理员的默认账户名,防止非法用户攻击,如图 8-22 所示。

电子商务网站开发实务

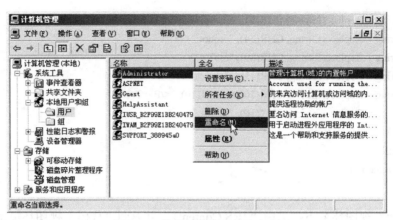

图 8-22 修改系统管理员账户名

（4）禁用 TCP/IP 协议中的 NetBIOS。Web 服务器和域名系统（DNS）服务器不需要 NetBIOS，但有一种黑客就可以通过基于 TCP/IP 的 NetBIOS 入侵到 Windows 系统，而基于 TCP/IP 的 NetBIOS 在默认情况下为"允许"状态，因此应该禁用此协议，如图 8-23 所示。

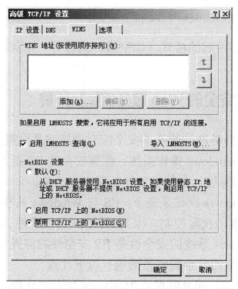

图 8-23 禁用 NetBIOS

任务 8-3 制作网站计数器

任务引出

网站计数器也是网站常备的一个功能模块。通过计数器，可以帮助网站管理者提供各种各样的统计数据（如总人数、今年总人数、本月总人数、今天总人数、当前在线人数、浏览人 IP 等），方便了解网站的受欢迎程度。从技术层面上来看，浏览者访问网站，触发计数程

项目 8　开发电子商务网站其他常见功能系统

序执行，并将计数统计数据"写"入后台数据库中；网站管理者（或浏览者）可通过查询访问数据库页面直接获取计数数据。

在本任务中，将为"重庆曼宁网上书城"网站完成计数器的制作。

作品预览

打开并运行站点后台管理主页面文件"frame.html"，单击左侧"访客信息"文本链接，进入后台"访客信息"浏览页面，如图 8-24 所示。

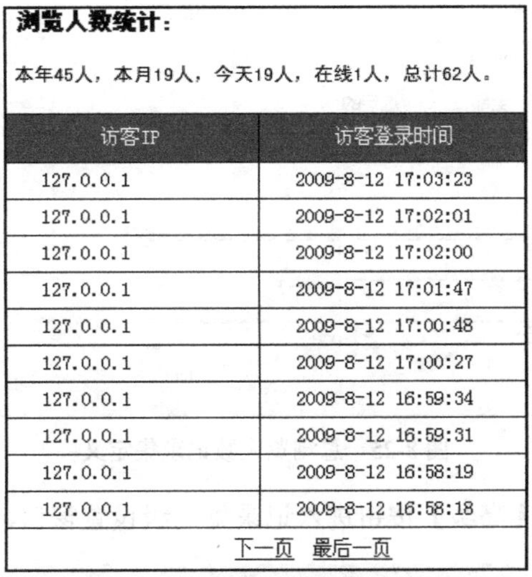

浏览人数统计：	
本年45人，本月19人，今天19人，在线1人，总计62人。	
访客IP	访客登录时间
127.0.0.1	2009-8-12 17:03:23
127.0.0.1	2009-8-12 17:02:01
127.0.0.1	2009-8-12 17:02:00
127.0.0.1	2009-8-12 17:01:47
127.0.0.1	2009-8-12 17:00:48
127.0.0.1	2009-8-12 17:00:27
127.0.0.1	2009-8-12 16:59:34
127.0.0.1	2009-8-12 16:59:31
127.0.0.1	2009-8-12 16:58:19
127.0.0.1	2009-8-12 16:58:18
下一页　最后一页	

图 8-24　网站计数器的预览效果

实践操作

1. 设计数据库表

启动 Access，打开"edunet.mdb"数据库，然后在数据库中创建数据表"Scounter"。"Scounter"数据表由"ID"、"Sip"、"Stime"3 个字段构成，其属性和说明参见表 8-3。

表 8-3　"Scounter"数据表的属性

字段名称	数据类型	备注说明
ID	自动编号	计数编号，主键
Sip	文本	浏览 IP
Stime	日期/时间	浏览时间

为了记录访客访问的具体时间，在"Stime"字段的"默认值"框中输入"Now()"，用于获取当前访问时间。

2. 创建统计记录集

1) 创建总浏览人数记录集

新建 ASP VBScript 页面，并命名保存为"svisit.asp"。选择【应用程序】→【绑定】→【添加】→【记录集】命令，在弹出的对话框中完成"Rec_total"记录集设置，具体设置如图 8-25 所示。

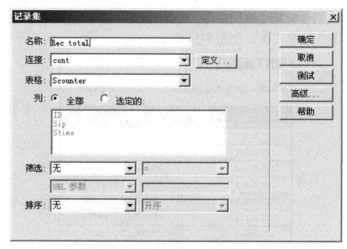

图 8-25　总浏览人数记录集定义

选中"ID"列，单击【高级】按钮进入记录集高级设置窗口，如图 8-26 所示。

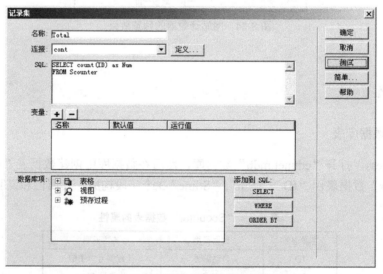

图 8-26　总浏览人数记录集高级设置

在该窗口中修改 SQL 代码如下：

```
SELECT count(ID) as Snum
FROM Scounter
```

用 Count()函数来统计所有"ID"数量,并将统计结果命名为"Snum"记录字段。

单击【确定】按钮,完成总浏览人数"Rec_total"记录集的创建。

2)创建本年浏览人数记录集

选择【应用程序】→【绑定】→【添加】→【记录集】命令,在弹出的对话框中完成"Rec_year"记录集设置,具体设置如图 8-27 所示。

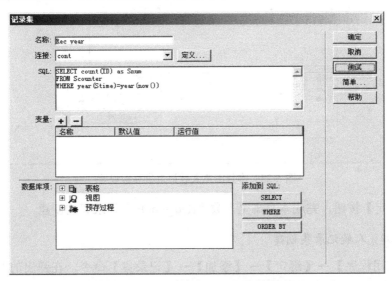

图 8-27 本年浏览人数记录集高级设置

在该窗口中修改 SQL 代码如下:

```
SELECT count(ID) as Snum
FROM Scounter
WHERE year(Stime)=year(now())
```

用 Count()函数来统计所有满足浏览时间年份与当今时间年份相符的"ID"数量,并将统计结果命名为"Snum"记录字段。

单击【确定】按钮,完成本年浏览人数"Rec_year"记录集的创建。

3)创建本月浏览人数记录集

选择【应用程序】→【绑定】→【添加】→【记录集】命令,在弹出的对话框中完成"Rec_month"记录集设置,具体设置如图 8-28 所示。

在该窗口中修改 SQL 代码如下:

```
SELECT count(ID) as Snum
FROM Scounter
WHERE year(Stime)=year(now())and month(Stime)=month(now())
```

用 Count()函数来统计所有满足浏览时间年份和月份与当今时间年份和月份相符的"ID"数量,并将统计结果命名为"Snum"记录字段。

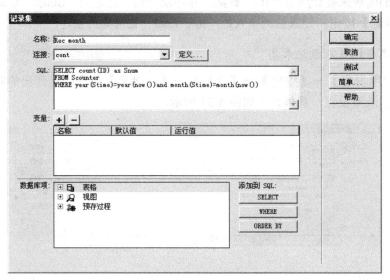

图 8-28 本月浏览人数记录集高级设置

单击【确定】按钮，完成本月浏览人数"Rec_month"记录集的创建。

4）本日浏览人数记录集创建

选择【应用程序】→【绑定】→【添加】→【记录集】命令，在弹出的对话框中完成"Rec_today"记录集设置，具体设置如图 8-29 所示。

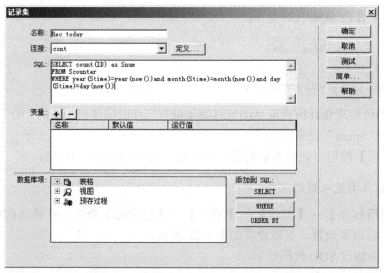

图 8-29 本日浏览人数记录集高级设置

在该窗口中修改 SQL 代码如下：

SELECT count(ID) as Snum
FROM Scounter
WHERE year(Stime)=year(now())and month(Stime)=month(now())and day(Stime)=day(now())

项目 8 开发电子商务网站其他常见功能系统

用 Count()函数来统计所有满足浏览时间年份、月份及日期与当今时间年份、月份及日期相符的"ID"数量,并将统计结果命名为"Snum"记录字段。

单击【确定】按钮,完成本日浏览人数"Rec_today"记录集的创建。

5) 绑定记录集

绑定记录集的过程很简单,只需将以上定义的各记录集的相应字段(如 Rec_year.Snum、Rec_month.Snum、Rec_today.Snum、Rec_total.Snum 等)插入到对应的计数位置上就大功告成了,如图 8-30 所示。

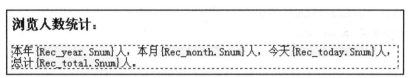

图 8-30 绑定记录集

6) 记录访客时间及 IP 地址

虽然上面完成了记录集绑定,但还无法实时记录访客的 IP 地址及访问时间。

选择【应用程序】→【服务器行为】→【添加】→【命令(预存过程)】命令,在弹出的对话框中完成"插入"命令设置,具体设置如图 8-31 所示。

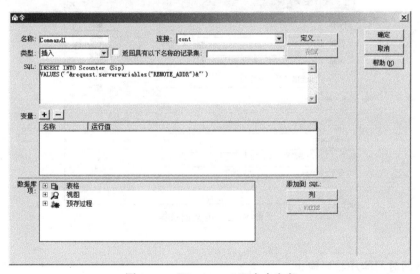

图 8-31 "Command1"命令定义

在该窗口中设置 SQL 代码如下:

    INSERT INTO Scounter (Sip)
    VALUES('"&request.servervariables("REMOTE_ADDR")&"')

注意:

"request.servervariables("REMOTE_ADDR")"命令主要用于获取浏览人的 IP 地址信息。

单击【确定】按钮，完成"Command1"命令定义。

选中【命令 Command1】按钮，并单击【代码】按钮，将获得对应的源代码如下：

```
<%
set Command1 = Server.CreateObject("ADODB.Command")
Command1.ActiveConnection = MM_cont_STRING
Command1.CommandText = "INSERT INTO Scounter (Sip)
VALUES('"&request.servervariables("REMOTE_ADDR")&"') "
Command1.CommandType = 1
Command1.CommandTimeout = 0
Command1.Prepared = true
Command1.Execute()
%>
```

3．记录浏览人 IP 地址数据

1）创建浏览人 IP 地址记录集

选择【应用程序】→【绑定】→【添加】→【记录集】命令，在弹出的对话框中完成"Rec_ip"记录集设置，具体设置如图 8-32 所示。

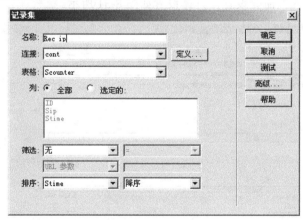

图 8-32 定义记录集

 注意：

选择访问时间降序排列输出。

单击【确定】按钮，完成浏览人 IP 地址记录集"Rec_ip"的创建。

2）创建浏览人 IP 地址记录数据表

在 svisit.asp 页面中插入一个 3 行 2 列表格，具体设置如图 8-33 所示。

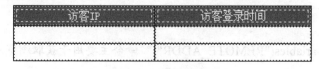

图 8-33 插入表格

项目 8　开发电子商务网站其他常见功能系统

3）绑定记录集数据

选择【应用程序】→【绑定】命令，并将有关动态文本添加到表格第二行中，具体设置如图 8-34 所示。

访客 IP	访客登录时间
{Rec_ip.Sip}	{Rec_ip.Stime}

图 8-34　绑定记录集

4）设置重复区域

选中表格的第 2 行，选择【应用程序】→【服务器行为】→【重复区域】命令，在弹出的【重复区域】对话框中设置好重复记录数为"10"，设置记录集为"Rec_ip"，具体设置如图 8-35 所示。

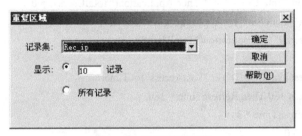

图 8-35　设置重复区域

5）设置记录分页

选中表格的第 3 行，执行"合并单元格"操作。

将光标置于表格第 3 行，选择【插入】→【应用程序对象】→【记录集分页】→【记录集导航条】命令，设置记录集为"Rec_ip"，显示方式为"文本"，单击【确定】按钮，从而将导航条添加到表格中，如图 8-36、图 8-37 所示。

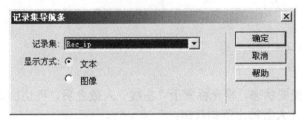

图 8-36　设置记录集导航条

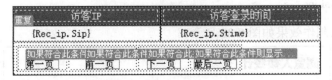

图 8-37　记录集导航条

最后，按下【Ctrl+S】组合键保存页面文件。

问题探究33：在线人数统计程序设计方法

现在，我们来讨论一下在线人数统计的问题。

目前，有很多广为流行的在线人数统计程序。在这里，我们介绍其中的一种处理程序来统计在线人数。

在"代码"视图环境下打开 svisit.asp 页面，在文件代码的<html>标签前插入如下代码：

```
<%
RefreshTime = 900
Application.Lock
If Session("UserID") = "" Then
   If Application("TotalUsers") = "" Then Application("TotalUsers") = 0
   Application("TotalUsers") = Application("TotalUsers") + 1
   Session("UserID") = Application("TotalUsers")
End If
Application(Session("UserID") & "LastAccess") = Timer
If RefreshTime < 180 Then RefreshTime = 180
IdleTime = RefreshTime * 3
UserOnLine = 0
For I = 1 To Application("TotalUsers")
   If Application(I & "LastAccess") <> "" Then
      If Abs(Application(I & "LastAccess") - Timer) < IdleTime Then
         UserOnLine = UserOnLine + 1
      Else
         Application(I & "LastAccess") = ""
      End If
   End If
Next
Application.UnLock
%>
```

切换到"设计"视图状态，将光标置于"在线"人数之后，再切换到"代码"视图状态，在光标处插入如下统计人数输出语句代码：

`<%=UserOnLine %>`

网站计数器的制作效果如图 8-38 所示。

> **浏览人数统计：**
> 本年 {Rec_year.Snum} 人，本月 {Rec_month.Snum} 人，今天 {Rec_today.Snum} 人，在线 0 人，总计 {Rec_total.Snum} 人。

图 8-38 网站计数器的制作效果

知识拓展 33：提高数据库的使用安全性

IIS+ASP+Access 电子商务网站的安全应对措施还包括提高数据库的使用安全性，其重点在于如何有效地防止 Access 数据库被下载，以及如何保证 Access 数据库自身的安全性。

1．防止数据库被下载

防止数据库被下载的方法主要有以下两种方法。

（1）非常规命名法。为 Access 数据库文件定义一个复杂的非常规名字，并把它放在多层目录路径下，如可将数据库命名为"a5g0qyj4.mdb"并将它放在如"./e3if/dfj2/yer4n0/"多层目录下，这样别人就很难猜到数据库的名称及存放路径了。

（2）使用数据源（DSN）数据库连接法。因为在连接字符串数据库连接方式下，一旦有人获取 ASP 源程序，数据库存放的路径和数据库文件名也就大白于天下。也就是说，即使数据库名字起得再非常规，存放的目录层次再多，已经都没有任意的意义。而如果我们采用数据源（DSN）数据库连接法，因为用户名、服务器名、所连接的数据库名、数据库路径等全部要素均已绑定在 DSN 中，这就避免了在程序中出现数据库文件名、数据库文件路径等敏感性信息的问题，关于这一点我们可通过其具体的连接代码来说明。

自定义连接字符串数据库连接方式：

```
<%
Dim MM_conn_STRING
MM_conn_STRING="provider=Microsoft.jet.oledb.4.0;data source="+server.mappath("/e3if/dfj2/yer4n0/a5g0qyj4.mdb ")""
%>
```

DSN 数据库连接方式：

```
<%
Dim MM_ww_STRING
MM_ww_STRING = "dsn=hnsdy;"
%>
```

2．为数据库加密

动态网站的安全性很大程度上依赖于数据库管理系统。但遗憾的是，目前市面上流行的关系型数据库系统自身的安全性很弱，这就导致数据库系统自身的安全性存在着一定的的安全隐患。在不熟悉数据库系统安全机制的情况下，对很多人而言，为数据库加密是一种简单而又行之有效的方法。

下面就通过一个实例来介绍一下为 Access 数据库加密的方法。

（1）在 Access 程序中，选择【文件】→【打开】命令，在弹出的【打开】对话框中选择数据库文件"a5g0qyj4.mdb"并以独占方式打开数据库，如图 8-39 所示。

电子商务网站开发实务

图 8-39　以独占方式打开数据库

（2）打开数据库文件"a5g0qyj4.mdb"后，选择【工具】→【安全】→【设置数据库密码】命令，在弹出的【设置数据库密码】对话框中输入密码，如图 8-40 所示。

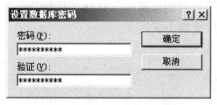

图 8-40　设置数据库密码

（3）成功设置数据库密码后，再次打开数据库文件时，则需要正确输入数据库密码后才能进入下一步操作，如图 8-41 所示。

图 8-41　输入数据库密码

如果需要撤销或更换密码，还是应以"独占方式"打开数据库文件，然后依次选择【工具】→【安全】→【撤销数据库密码】命令，在弹出的【撤销数据库密码】对话框中正确输入密码，就可以撤销数据库密码了。

3．为数据库数据加密

目前，为数据库数据加密最常用的技术莫过于采用 MD5 法加密。MD5 的全称是 Message-Digest Algorithm 5（信息—摘要算法），在 20 世纪 90 年代初由 MIT Laboratory for

Computer Science 和 RSA Data Security Inc 的 Ronald L. Rivest 开发出来，经 MD2、MD3 和 MD4 发展而来。它的作用是让大容量信息在用数字签名软件签署私人密匙前被"压缩"成一种保密的格式（就是把一个任意长度的字节串变换成一定长的大整数）。MD5 加密技术经常用于用户密码的加密，以保证即使数据库遭受恶意破解，由于密码已经加密而此时仍然无法破译。

MD5 数据加密和解密是一个非常复杂的算法过程，到目前为止，还未出现任何组件支持 MD5 数据的加密和解密。作为一种比较成熟的数据库数据加密工具，目前有现成的算法文件可供下载。下面我们可通过一个具体例子来说明 MD5 数据加密过程。

在用户注册窗口，用户输入注册用户名和注册密码，如输入"shidaoyuan"、"123456"，具体如图 8-42 所示。

图 8-42　输入用户注册登录信息

当经过 MD5 加密数据后，用户密码在形式上已经加密变成了一串无法识别的字符串，具体如图 8-43 所示。

图 8-43　MD5 加密后的用户密码

这样，即使数据库被人破解，用户密码仍无法获取，这样就有效保证了数据库数据的安全性。

知识梳理与总结

（1）用户注册的实质就是用户将注册表单资料"写入"后台数据库处理；用户登录的实质就是"读出"网站后台数据库数据处理。其制作要点在于"插入记录"、"登录用户"等服务器行为的应用。

（2）一个简易留言系统分为用户留言、显示留言两大部分。从技术层面上来看，用户留言是一个"写"的过程，而显示留言是一个"读"的过程。

（3）在网站中，网站计数器是一个常见的功能。在制作过程中，应把握好本年总人数、本月总人数、今天总人数、当前在线人数等统计数据处理功能的实现。

实训 8　开发同学通讯录系统

1. 实训目的

（1）掌握同学通讯录的开发方法；
（2）掌握在线搜索的制作过程。

2. 实训内容

1）开发需求

开发一个同学通讯录，要求：
（1）至少提供包括姓名、E-mail 地址、联系电话、传真、QQ 号、家庭地址等信息；
（2）至少应具有同学在线信息搜索等功能。

制作完成后的页面预览效果如图 8-44 所示。

姓名	Email	联系电话	传真	QQ号	地址
郑小曼	zhangxm@163.com	13178956230	02367850302	234568	重庆
刘大海	ldahai@163.com	13201235468	02228568932	781284	天津
石中天	szt@163.com	13678952362	02823658899	895823	湖北
任中型	tt@163.com	13587426846	02132568942	7451236	上海
郑中国	qep@163.net	13965874562	02136589745	2568923	上海

图 8-44　同学通讯录页面的预览效果

搜索结果显示页面的预览效果（当搜索"姓名"文本框中输入"郑"后进行搜索时），如图 8-45 所示。

昵称	Email	联系电话	传真	QQ号	地址
郑小曼	zhangxm@163.com	13178956230	02367850302	234568	重庆
郑中国	qep@163.net	13965874562	02136589745	2568923	上海

图 8-45　搜索结果显示页面的预览效果

2）开发过程

同学通讯录的开发内容主要包括：
（1）同学通讯录数据库表的设计；
（2）同学通讯录动态网页开发环境的构建（如创建本地动态站点、建立站点数据库连接）；
（3）创建同学通讯录数据显示页面；
（4）为数据显示页面创建记录集导航条；
（5）为同学通讯录创建搜索功能（如搜索界面制作、搜索结果显示界面制作、搜索功能实现）。

项目 9

发布与管理电子商务网站

教学导航

通过前面的学习,我们已经成功开发出了一个电子商务网站。在开发之后,还需要将网站发布到 Internet 网络,供其他网络用户浏览使用;同时,还应做好网站的维护与推广工作。在本项目中,将完成"重庆曼宁网上书城"开发的后续工作,这些工作主要包括域名注册和空间申请,以及电子商务网站的发布与管理。

电子商务网站开发实务

任务 9-1　域名注册和空间申请

任务引出

域名如同商标，是网站在 Internet 网络上的标志之一，域名由国际域名管理组织或国内的相关机构统一管理，国内很多网络服务提供商都可以代理域名注册业务。网站必须存放在服务器上才能被访问，在没有拥有独立服务器的条件下，网站用户需要向网络服务提供商申请服务器使用空间。在网站制作、调试完成之后，就需要着手为自己的网站发布到网络上做准备，此时就必须要进行域名和空间的申请。

在本任务中，将为电子商务网站完成域名注册和空间申请工作。

作品预览

以下是作者注册域名和服务器空间的申请信息，如图 9-1、图 9-2 所示。

图 9-1　域名成功注册证书　　　　　　图 9-2　服务器空间信息

实践操作

1．申请域名

域名申请的一般步骤如下。

1）定义域名

域名申请的第一步，就是要给网站取个好"名字"。域名一般由若干个英文字母和数字组成，并由"."分隔成几部分，如 edu.cn。在定义域名的过程中，要注意域名的内涵性和记忆的方便性，如很多企业的域名就由企业的名称或商标文字构成；同时，定义域名还要注意域名的简洁性和行业性。在此，我们定义域名为"www.ec211.com"。

2）查询域名

域名与注册商标一样，在一定范围内具有唯一性，而且不允许重复。因此，企业在注册域名前，应先查阅一下，看自己欲注册的域名是否已被别人抢注，否则只有重新换一个域名。现在在 Internet 上，提供了很多查询域名是否被注册的网站，如"http://www.y63.com"、"http://www.cnnic.net.cn"等均可查询域名。

3）注册域名

接下来就可以注册域名了。域名注册必须要通过域名注册代理商进行，目前无论国际域名注册还是国内域名注册，都得通过域名注册代理商进行注册。

4）域名解析

域名需要指向网站服务器的一个 IP 地址，所以需要把这个域名解析到一个指定的 IP 地址上。如登录进入"重庆第一商务（http://www.cqeb.com）"域名管理首页后，可以看到用户已注册域名的状态及相关信息，如图 9-3 所示。

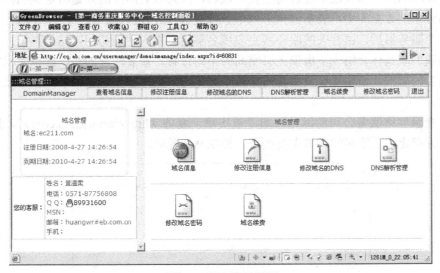

图 9-3　域名管理首页

在图 9-3 中单击【DNS 解析管理】按钮，就可以进入域名解析页面实现域名解析。一个域名需要解析到一个主机名为 www 的网站服务器的 IP 地址；电子邮件服务也可以解析到一个主机名为 mail 的电子邮件服务器，单击【添加】按钮即可实现域名解析，如图 9-4、图 9-5 所示。

电子商务网站开发实务

图 9-4 添加域名解析　　　　　　　　图 9-5 域名管理

5）域名证书

域名的注册信息需要在国际域名数据库中备案，在某些网站上可以查询域名的注册证书。例如，可以在"重庆第一商务（http://www.cqeb.com）"后台管理中心获取注册域名证书。域名证书可以显示域名所有权及联系方式等信息，域名证书也可以作为网站域名所有权的证明。域名证书如图 9-1 所示。

2. 申请服务器空间

在注册域名后，别人还不能访问企业的域名，因为域名的注册只是将定义的网站域名加注到域名体系的数据库中，表示占住了一个"位置"，而网址代表着一个 Web 服务器，只有设置了一个服务器后，由有关的服务器完成域名解析，别人才能访问网站的网址。

下面我们就具体介绍一下虚拟主机空间的申请过程，需要注意的是，虚拟主机空间的申请一般是要付费的，价格每年从数百元到数千元不等，因此在申请过程中应保证账户上有足够的金额。

（1）登录网络服务公司的网站，如"重庆第一商务（http://www.cqeb.com）"，选择"虚拟主机"并确定需要购买的虚拟主机类型，如图 9-6 所示。

基础型						
产品型号	静态100型	基础100型	基础200型	基础300型	基础500型	基础1000型	基础2000型
WEB空间	100M	100M	200M	300M	500M	1000M	2000M
备份空间	100M	100M	200M	300M	500M	1000M	2000M
赠送邮箱	0M	0M	0M	0M	0M	0M	0M
邮箱用户数	0	0	0	0	0	0	0
asp	×	√	√	√	√	√	√
Access数据库	×	√	√	√	√	√	√
IIS连接数	25	25	50	100	200	500	1000
流量：Gbyte/月	1	2	3	4	5	10	20
价格/年	100元	140元	180元	240元	400元	600元	900元
	立即购买	立即购买	立即购买	立即购买	立即购买	立即购买	立即购买

图 9-6 选择空间类型

(2）根据需要确定主机类型，例如选择"基础 200 型"，单击【立即购买】按钮，在弹出的对话框中选择价格类型"2 年（240 元）"，如图 9-7 所示。

图 9-7　网站空间详细资料

（3）单击【立即购买】按钮，在弹出的对话框中输入 FTP 账号、FTP 密码、网址等信息，具体信息如图 9-8 所示。

图 9-8　添加空间信息

（4）单击【下一步】按钮，完成空间费用支付业务，在此可以使用银行卡支付、网银钱包支付、手机充值卡支付、电话支付等方式进行支付。在交费以后，联系网络服务公司确认开通服务，如图 9-9、图 9-10 所示。

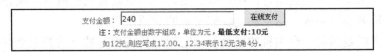

图 9-9　支付金额

（5）申请到服务器空间后就可以进入网站虚拟主机管理中心，进一步完善网站空间的配置，如主机域名绑定、默认首页设置、FTP 设置等，具体如图 9-11 所示。

经过设置后，即可上传已制作完成的网站到网站空间中，然后 Internet 上的用户就可以使用网站域名访问这个网站了。

电子商务网站开发实务

图 9-10　选择支付方式

图 9-11　虚拟主机管理中心

问题探究 34：虚拟主机技术

上面提到了虚拟主机，那虚拟主机究竟是什么呢？下面我们来介绍一下虚拟主机。

对普通网站而言，一般不会拥有独立的服务器，而多采用在网络服务公司付费租用一定大小的储存空间来支持网站的运行，用户只需要管理和更新自己的网站，服务器的维护和管理则全由网络服务公司完成，这也就是我们常说的虚拟主机技术。

所谓虚拟主机是指将一台主机的硬盘存储空间划分成相对独立的若干个存储目录，从用户的角度来看，每一个存储目录看起来就好像一台独立的主机，只要硬盘空间允许，就可以划分为多个目录。每一台虚拟主机都有自己独立的域名或 IP 地址，并且可以和相应的软件结合被配置成 WWW、E-mail、FTP 服务器。用户在访问这样的服务器时，将看不出是在与其他人同时共享一台主机系统的资源，就好像拥有各自独立的服务器一样，具有完备的 Internet 服务功能。虚拟主机技术的出现可以使多台虚拟主机共享一台真实主机的资源，每个租用者承受的硬件费用、软件费用、网络维护费用、通信线路的费用大大降低。

项目 9　发布与管理电子商务网站

知识拓展 34：提高 ASP 页面安全性能的方法

IIS+ASP+Access 电子商务网站的安全应对措施还有提高 ASP 页面的安全性能，其重点在于如何有效地防止 ASP 源程序泄露，以及如何限制非授权用户对 ASP 页面进行访问两方面问题。

1. 防止 ASP 源程序泄露

目前，防止 ASP 源程序泄露的方法有两种：一种是使用组件技术将代码逻辑封装入 DLL（动态链接库）之中；另一种是使用微软公司的 Script Encoder 脚本编码器对 ASP 页面进行加密，使其不会轻易地被用户查看或修改。其中，前一种方法比较复杂和麻烦，一般用得较少；而使用 Script Encoder 对 ASP 页面进行加密，操作简单且效果良好，目前这种方法应用比较普遍，在网上也能下载 Microsoft Script Encoder 脚本加密工具。

Script Encoder 的语法如下：

SCRENC [/s] [/f] [/xl] [/l defLanguage] [/e defExtension] inputfile outputfile

Script Encoder 脚本编码器语法的组成部分，具体说明如表 9-1 所示。

表 9-1　Script Encoder 脚本编码器语法说明

参数	说　　明
/s	可选。指定脚本编码器的工作状态是静态的，即产生无屏幕输出；如果省略，默认为提供冗余输出
/f	可选。指定输入文件将被输出文件覆盖；如果省略，输出文件不会被覆盖
/xl	可选。指定是否在.ASP 文件顶部添加 @language 伪指令；如果省略，将添加到所有的 .ASP 文件中
/l defLanguage	可选。指定在编码过程中使用的默认脚本语言（JScript 或 VBScript）；如果省略，VBScript 是动态网页的默认语言
/e defExtension	可选。指定待加密文件的扩展名；默认识别的文件扩展名有 asa、asp、cdx、htm、html、js、sct 和 vbs
inputfile	必选。要被编码的文件名称，包括相对于当前目录的任何需要的路径信息
outputfile	必选。要生成的输出文件的名称，包括相对于当前目录的任何需要的路径信息

例如，命令"screnc *.asp c:\temp"，表示对当前目录中的所有.ASP 文件进行编码，并把编码后的输出文件放在"c:\temp"路径下。

Script Encoder 只加密页面中嵌入的脚本代码，其他部分如 HTML 的 TAG 仍然保持原样不变，处理后的文件中被加密过的部分为只读内容，对加密部分的任何修改都将导致整个加密后的文件不能使用。

2. 限制对 ASP 页面的访问

为防止未经注册的用户绕过注册界面直接进入 ASP 页面，可以采用 Session 对象实现。

Session 对象最大的优点是可以把某用户的信息保留下来,让后续的网页读取。

基于用户名和密码限制的 ASP 页面访问程序的代码如下。

```
<%
MM_authorizedUsers=""
MM_authFailedURL="err.asp"
MM_grantAccess=false
If Session("MM_Username") <> "" Then
    If (true Or CStr(Session("MM_UserAuthorization"))="") Or _
            (InStr(1,MM_authorizedUsers,Session("MM_UserAuthorization"))>=1) Then
        MM_grantAccess = true
    End If
End If
If Not MM_grantAccess Then
    MM_qsChar = "?"
    If (InStr(1,MM_authFailedURL,"?") >= 1) Then MM_qsChar = "&"
    MM_referrer = Request.ServerVariables("URL")
    if (Len(Request.QueryString()) > 0) Then MM_referrer = MM_referrer & "?" & Request.QueryString()
    MM_authFailedURL = MM_authFailedURL & MM_qsChar & "accessdenied=" & Server.
    URLEncode(MM_referrer)
    Response.Redirect(MM_authFailedURL)
End If
%>
```

任务 9-2　发布电子商务网站

任务引出

当网站完成设计与调试以后,需要上传到租用的服务器空间中才能被用户访问。网站的发布就是把自己计算机中的网站内容发布到网络上服务器空间的过程。

在本任务中,将完成电子商务网站的发布工作。

作品预览

启动 Dreamweaver,完成 FTP 远程站点配置,选择要上传(或下载)的文件或文件夹,通过快捷菜单中的【上传】(或【下载】)命令即可完成网页文件的上传(或下载),发布过程如图 9-12 所示。

项目 9 发布与管理电子商务网站

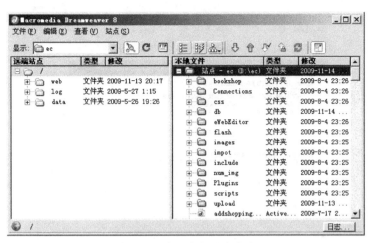

图 9-12 电子商务站点发布

实践操作

1．构建 FTP 服务器

在利用 Dreamweaver 的 FTP 功能之前，我们应首先在 Dreamweaver 中构建 FTP 服务器，这需要设置和定义站点的远程服务器属性。

（1）在 Dreamweaver 中选择【站点】→【管理站点】命令，在弹出的【管理站点】对话框中选择"ec"站点，并单击【编辑】按钮，如图 9-13 所示。

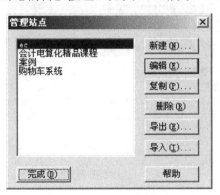

图 9-13 站点管理

（2）打开【站点定义】对话框，单击【下一步】按钮进入【编辑文件，第 3 部分】页面，修改并选择【在本地进行编辑，然后上传到远程测试服务器】单选按钮，单击【下一步】按钮，如图 9-14 所示。

（3）进入【测试文件】页面，设置以"FTP"方式连接服务器；设置 Web 服务器的主机名或 FTP 地址为"www.ec211.com"；设置 FTP 管理用户名和密码。设置完毕后，单击【测试连接】按钮，如果连接成功则将弹出成功连接对话框，如图 9-15 所示。

电子商务网站开发实务

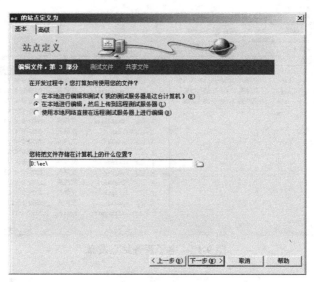

图 9-14　文件编辑定义

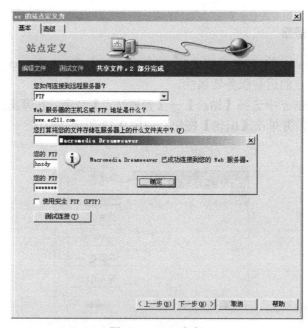

图 9-15　FTP 定义

继续单击【下一步】按钮，完成对远程服务器的设置。

2．发布电子商务网站

网站发布就是将网站的所有文件传送到在 Internet 上所申请的地址空间（或 Web 服务器）中去。发布网站的方法有很多，如果本单位在 Internet 上建立了 Web 服务器，只需将网站的全部文件复制到 Web 服务器的根目录下即可；如果是采用 ISP 提供的网站空间建立的网站，则可利用 ISP 提供的 FTP 方式发布。下面就利用 Dreamweaver 自身的 FTP 功能来发布网站。

项目 9　发布与管理电子商务网站

在完成 Dreamweaver 远程服务器站点定义后，即可在 Dreamweaver【文件】面板中单击【连接远端主机】按钮 实现 Dreamweaver 与远程网站连接；连接后，网站管理窗口的远程网站窗口中将自动显示远程网站文件目录，单击 按钮以展开和显示本地与远程站点名称和文件列表，如图 9-12 所示。

如果想从本地（或远程）网站上传（或下载）网页文件，只需打开图 9-12 所示的站点管理器列表框中相关的本地（或远程）网站文件目录，选择要上传（或下载）的文件或文件夹，通过快捷菜单中的【上传】（或【下载】）命令即可完成网页文件的上传（或下载）。

问题探究 35：Dreamweaver 的站点 FTP 功能

目前，我们很多人不习惯于用 Dreamweaver 发布站点，主要是因为很多人不太熟悉 Dreamweaver 的强大 FTP 功能。

Dreamweaver 提供有全面的用于管理文件以及与远端服务器进行文件传输的功能，当用户在本地和远端站点之间传输文件时，Dreamweaver 会在这两种站点之间维持平行的文件和文件夹结构。在这两个站点之间传输文件时，如果站点中不存在必需的文件夹，则 Dreamweaver 将自动创建这些文件夹，也可以实现在本地和远端站点之间同步文件；Dreamweaver 会根据需要在两个方向上复制文件，并且在适当的情况下删除不需要的文件。也就是说，Dreamweaver 本身拥有的 FTP 功能，可以快速地实现本地站点与远程站点网页的及时更新处理。

另外，当用户在本地和远端站点上创建文件后，可以在这两种站点之间进行文件同步。在同步站点之前，用户可以验证要上传、获取、删除或忽略哪些文件，Dreamweaver 还将在完成同步后确认哪些文件进行了更新。文件同步设置对话框如图 9-16 所示。

图 9-16　文件同步设置

知识拓展 35：Dreamweaver 站点文件管理

站点文件管理包括本地站点文件管理和远程站点文件管理，管理方法基本相同。

对于本地网站，选择【窗口】→【文件】命令，打开【文件】面板，在【文件】选项卡的上部有一个网站选择下拉列表，若本地有多个网站，则在此列表中选择网站；单击其右侧的下拉列表，从中选择【本地视图】，查看本地文件，站点管理窗口下方的矩形框内会列出所选站点的全部文件，如图 9-17 所示。

对于远程网站，调出文件目录的方法是单击【连接远端主机】按钮，将 Dreamweaver 与远程网站连接；连接后，网站管理窗口的远程网站窗口中将自动显示远程网站的文件目录，如图 9-18 所示。

电子商务网站开发实务

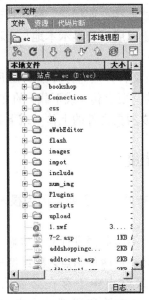
图9-17 本地站点文件

图9-18 远程站点文件

【文件】面板中各按钮的含义如下。

【连接到远端主机/从远端主机断开】按钮 ：只有在远程信息选项组中选择FTP传输方式后，【连接到远端主机】按钮才可用；当【连接到远端主机】按钮上的指示灯变为绿灯时，表示已经成功连接远程站点，可以开始上传了；此时再单击该按钮，便中断连接。

【刷新】按钮 ：该按钮用于刷新本地和远程目录列表，如果在【站点定义】对话框择没有选择【自动刷新本地文件列表】复选框，就能使用【刷新】按钮手工刷新目录列表。

【获取文件】按钮 ：该按钮可将选定的文件从远程站点复制到本地站点。

【上传文件】按钮 ：该按钮可将选定的文件从本地站点复制到远程站点。

【展开和显示本地与远程站点】按钮 ：该按钮可对比查看显示本地和远程站点文件。

【站点地图】按钮 ：基于文件之间的链接，在站点窗口的可变区域中显示可视化的文档结构图。单击此按钮，从其下拉菜单中选择【站点和文件】命令，即可显示本地站点的文件之间的链接结构。

任务9-3 管理电子商务网站

任务引出

在网站正式投入运行后，开发工作即告结束。但网站系统不同于其他产品，它不是"一劳永逸"的最终产品。为了能让网站长期高效地工作，必须要大力加强对网站的运行管理与维护。网站管理的内容主要包括网站的推广、日常维护与更新等方面的管理。

在本任务中，将掌握和熟悉电子商务网站的推广方法和日常管理方法。

项目 9　发布与管理电子商务网站

作品预览

在浏览器的地址栏中先后输入 "http://www.baidu.com/search/url_submit.html" 和 "http://www.google.com/addurl/? hl=zh-CN&continue=/addurl",在弹出的窗口中输入电子商务网站域名地址并提交就可在百度和 Google 搜索引擎中对已开发的网站进行推广宣传,如图 9-19、图 9-20 所示。

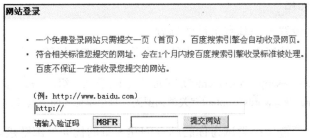

图 9-19　注册百度搜索引擎

图 9-20　注册 Google 搜索引擎

同时,尝试完成实践操作部分其他所有的任务。

实践操作

1. 网站推广

目前,网站推广和宣传的手段和方法很多,我们通过以下方式开始进行实践。

1）注册到搜索引擎

各大搜索引擎网站登录入口地址如下。
Google 免费登录入口,http://www.google.com/addurl/?hl=zh-CN&continue=/addurl
百度免费登录入口,http://www.baidu.com/search/url_submit.html
雅虎免费登录入口,http://search.help.cn.yahoo.com/h4_4.html
新浪免费登录入口,http://www.iask.com/guest/add_url.php

209

TOM搜索引擎免费登录入口，http://search.tom.com/tools/weblog/log.php

网易有道免费登录入口，http://tellbot.youdao.com/

SoSo网址导航，http://www.soso.cn/wz/add.asp

中国搜索联盟免费登录入口，http://ads.zhongsou.com/register/page.jsp

向以上各大搜索引擎注册你的网站。在向搜索引擎注册时，应尽量详尽地填写网站的相关信息，特别是一些关键词，是要尽量写得大众化和口语化，这是因为用户在搜索引擎中进行搜索时，常常是先使用自然语言进行搜索。

2）搜索引擎的优化

（1）为你的网页设置一个具有个性的标题。

（2）META标签：按以下格式，为你的网页优化META标签。

```
<META Name="description"Content="这里可以做网站简要介绍，一般不要超过150字符">
< META Name="keywords"Content="关键词罗列：每个单词之间用逗号分开">
```

（3）添加优秀外部链接：尝试为你的站点创建大量的优秀外部链接。

3）搜索引擎竞价排名

（1）从百度首页进入"企业推广"栏目，了解百度搜索竞价排名的概念及特色功能。

（2）了解百度竞价排名服务的申请流程、审核标准及收费标准。

（3）为自己的网站设计一个合适的关键词方案，要求：

① 选择一个合适的关键词；

② 限定推广地域；

③ 选择一个合适的价位；

④ 限定每日最高消费额。

⑤ 以网站单位的名义注册，并尝试除交费以外的所有程序。

4）电子邮件推广

（1）利用搜索引擎（如百度、Google等）等工具，检索并获取网上潜在客户的电子邮件地址。

（2）利用专用邮件搜索软件工具（如搜易高速邮址搜寻家、天机邮件搜索群发精灵、终极邮件搜索群发大师等），获取网上潜在客户的电子邮件地址。

（3）利用专用搜索引擎检索目前常见的邮件群发软件工具，并尝试用其中的某种邮件群发软件工具（如亿虎商务群发大师、极星邮件群发、长江商务邮件特快、超级邮件群发机等），实施批量邮件群发。

（4）对电子邮件营销实施效果进行后期评估。

2．网站的日常管理与维护

对网站日常管理与维护的好坏，决定了顾客对网站的感受和印象。一般来说，网站的日常管理与维护主要包括网站更新、应答与复函等方面工作。

1）网站更新

一个网站必须保持经常性的更新，才能不断吸引访问者的再次光临，使潜在的消费者变成客户，如果网站一成不变，是无法获得更多的商业机会的。因此，企业必须要对网站内容实施定期或不定期的更新。一般而言，网站更新主要包括网页信息的更新和栏目的调整。网站一般至少一个星期更新一次，如果企业网站客户量多的话，周期应再缩小。当然最佳的情况是做到每天都更新。同时，当网站运行一段时间后，也可考虑对网站总体风格如版面、配色等各方面作些更新调整，让客户有改头换面、焕然一新的感觉。

2）应答与复函

在信息大量充斥的社会环境下，访客有很多的选择机会，为了维持访客的满意度、保持力和忠诚度，这就要求网站必须以访客为中心，对访客的咨询和其他相关请求随时要作出应答与复函（作为商务类网站更是如此）；对访客通过 E-mail、BBS 留言板等形式提出的部分咨询问题，可通过系统自动应答，但更多的问题则需要网站维护人员及时作出应答与复函。

问题探究 36：常见的网站推广方法

一个网站即使内容再丰富、功能再全面，如果缺乏足够的宣传和推广，也不会引起消费者们或潜在客户的注意；要想提高网站的影响，吸引更多的访问者，提高商务效益，就必须对网站进行必要的宣传和推广。下面我们介绍一下常见的推广方法。

1．注册搜索引擎

注册到搜索引擎，这是极为方便的一种推广网站的方法。搜索引擎是专门提供信息检索和查询的网站，比如百度、Google、网易、新浪等，它们一般都是网友查询信息和冲浪的最佳去处。因此，在搜索引擎网站中注册自己的网站是宣传和推广网站的首选方法，并且注册的搜索引擎越多，网站被检索、访问到的机会就越大。在注册时尽量详尽地填写网站中的一些信息，特别是一些关键词，应尽量力求普遍化、大众化。同时，注册分类时，也应尽量分得细一些。

2．使用广告交换

广告交换也是推广网站的一种较为有效的方法。一般先要在提供服务的网站免费注册成为会员，并提交网站的相关信息，它会要求将一段 HTML 代码加入到网站中，这样，广告条就可以在其他网站上出现。当然，自己网站上也出现别的网站的广告条，双方得益。广告交换链接一般都拥有 1:10 的高交换比例，即别人的网站链接在你的主页上显示一次，那么你的站点链接就会在其他 10 个网站上显示。

3．和其他网站做友情链接

现在的网站大部分都提供有专门的友情链接页面，从中可找一些与自己网站内容类似的站点。一般可先主动把别人的网站加入友情链接然后给对方网站发出邀请，请求对方把自己的网站也加入到对方的友情链接里。当然，也可通过协商等方式来达到共同推广的目的。

另外，还可通过电子邮件、网络新闻组、传统媒体等手段宣传和推广网站。总之，网站宣传的途径很多，企业完全可以根据自身的特点选择其中的一些较为便捷有效的方法。

知识拓展 36：网站建设与维护建议

只有当搜索引擎、站长、网络用户之间有一种默契的利益均衡，这个行业才会顺畅发展。竭泽而渔式的网站建设，只会使您与用户、搜索引擎越来越远。搜索引擎与站长之间宜和谐发展，共同拥抱美好的愿景。建站时应做到以下几点。

1．站点结构宜简洁明晰

不要让你的用户一进入你的站点就因为纷繁复杂而不知所措。从某种意义上来说，百度的 Spider（蜘蛛人）也是一个相对特殊的访客而已。每一个子域名、每一个目录都最好有明确的内容区隔，避免不同子域名或者目录对相同内容的互相串用。

2．创造属于您自己的独特内容

百度更喜欢独特的原创内容。所以，如果您的站点内容只是从各处采集复制而成，很可能不会被百度收录。

3．保持经常的更新

经常地更新网站内容，蜘蛛程序就会经常光顾；而对于长期不更新的网站，蜘蛛程序的到访会日趋减少。

4．谨慎设置您的友情链接

如果您网站上的友情链接，多是指向一些垃圾站点，那么您的站点可能会受到一些负面影响。参与各类以 SEO（Search Engine Optimization，搜索引擎优化）为目的的自助链接活动，通俗说就是如何让你的网站在不花钱做推广广告的情况下出现在 google、baidu 等搜索引擎的搜索结果的前面，很可能会"过犹不及"。

5．把自己的网站做成常青树

如果没有搜索引擎，你的网站仍然访客盈门，那么你的网站就属于"常青树"了。面向用户做网站，而不要面向搜索引擎做网站，这是成为常青树网站的真谛。

知识梳理与总结

（1）在网站制作、调试完成后，就需要着手为自己的网站发布到网络上做准备，此时就必须要进行域名注册和空间申请。

（2）网站发布有多种方法，除可用 Dreamweaver 自带的 FTP 功能发布网站外，我们还可借助 FlashFXP、LeapFTP、CuteFTP XP 等工具软件实现网站的发布。

（3）电子商务网站的管理主要包括网站的推广、日常维护与更新等方面的内容。

实训 9　用 FlashFXP 发布网站

1. 实训目的

（1）掌握网站发布方法；
（2）掌握 FTP 工具 FlashFXP 的使用方法。

2. 实训内容

目前，远程 FTP 工具很多，常见的有 FlashFXP、CuteFTP XP、Serv-U、LeapFtp 等。下面我们就以 FlashFXP 为例来讲解 FTP 工具的使用和网站上传。

FlashFXP 是一款非常实用的网站网页上传的下载工具。下面简单介绍一下其使用方法。

（1）启动 FlashFXP。当完成 FlashFXP 的安装后，双击桌面上的 FlashFXP 图标即可启动 FlashFXP，FlashFXP 主界面如图 9-21 所示。

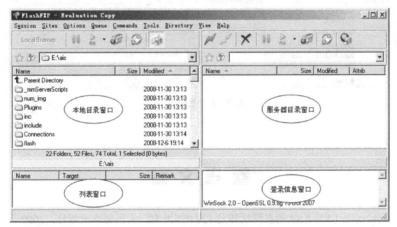

图 9-21　FlashFxp 主界面

（2）进行 FTP 服务器连接。单击【连接】按钮，打开【快速连接】对话框，在其中输入要连接的服务器地址、用户名、密码、远程路径等信息，"端口"一般默认为 21，如图 9-22 所示。

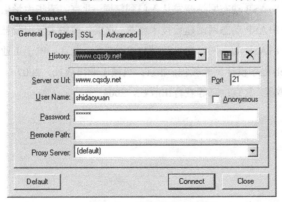

图 9-22　连接服务器

然后单击"Connect"按钮，FlashFxp 就会为你连接到 FTP 站点了。

（3）上传/下载网站（网页）。在 FlashFXP 主窗口中，左边表示本地站点文件，右边表示远程服务器站点文件。右击本地的文件或文件夹，选择【Transfer】命令，即可把文件上传到服务器；同样，右击服务器上的文件再选择【Transfer】命令，可以把服务器上的文件下载到本地计算机。右下角的文本提示表示当前工作的状态，左下角的提示表示当前工作的列队。如图 9-23 所示。

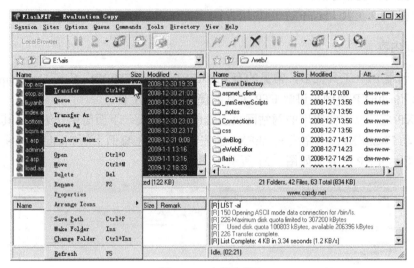

图 9-23 上传文件

参 考 文 献

[1] 余晓浩. Dreamweaver CS3+ASP 动态网站开发 120 例. 北京：人民邮电出版社，2009

[2] 倪洪球. Dreamweaver 8+ASP 动态网站开发实例精讲. 北京：人民邮电出版社，2007

[3] 零界点设计中心. Dreamweaver 8 网站建设技巧与实例. 北京：清华大学出版社，2007

[4] 文渊阁工作室. 网站开发专家 Dreamweaver 8+ASP 动态网站开发实务. 北京：人民邮电出版社，2007

[5] 吕洋波. Dreamweaver 8+ASP 动态网站开发从入门到精通. 北京：清华大学出版社，2007

[6] 杨格等. Dreamweaver 8+ASP 动态网站建设技术精萃. 北京：清华大学出版社，2007

[7] 张胜等. Dreamweaver 8+ASP 动态网站建设基础与实践教程. 北京：电子工业出版社，2007

[8] 吴黎兵等. 网页与 Web 程序设计试验教程. 北京：机械工业出版社，2007

[9] 金旭亮等. 网站建设教程. 北京：高等教育出版社，2004